von Holt | Bernstein an unseren Küsten

W0225294

Kerstin von Holt

Bernstein an unseren Küsten

Finden – Bestimmen – Bearbeiten

unter Mitarbeit von
Jens von Holt

Quelle & Meyer Verlag Wiebelsheim

Die Angaben in diesem Buch sind von der Autorin und dem Verlag sorgfältig erwogen und geprüft, dennoch kann keine Garantie übernommen werden. Eine Haftung der Autorin bzw. des Verlags und seiner Beauftragten für Personen-, Sach- und Vermögensschäden ist ausgeschlossen.

Bibliografische Information der Deutschen Nationalbibliothek
Die Deutsche Nationalbibliothek verzeichnet diese Publikation in der Deutschen Nationalbibliografie; detaillierte bibliografische Daten sind im Internet über http://dnb.d-nb.de abrufbar.

2. Auflage
© 2021, 2012 by Quelle & Meyer Verlag GmbH & Co., Wiebelsheim
www.quelle-meyer.de

Das Werk einschließlich aller seiner Teile ist urheberrechtlich geschützt. Jede Verwertung außerhalb der engen Grenzen des Urheberrechtsgesetzes ist ohne Zustimmung des Verlages unzulässig und strafbar. Kein Teil dieses Buches darf deshalb ohne ausdrückliche schriftliche Genehmigung des Verlages digital oder analog vervielfältigt werden.

Umschlagabbildungen:
vorne: o.: freepik (freepik.com), u.li.: C. Hoffeins, u.re.: K. von Holt;
hinten: o.: K. von Holt, u.li. & u.re.: G. Helmers, u.m. jeanyfan (Wikipedia Enzyklopädie)
Druck und Verarbeitung: Belvédère Print & Packaging b.v.
Printed in Europe/Imprimé en Europe
ISBN 978-3-494-01869-0

Inhaltsverzeichnis

Vorwort

Bernstein hat Menschen schon seit Jahrtausenden fasziniert – von der Mythologie über die Heilkunde bis hin zur Schmuckherstellung. Es gibt heute Museen, die sich ausschließlich dem Bernstein widmen. Selbstständige Fachpersonen bieten für Kinder und Erwachsene Kurse im Bernsteinschleifen an. Neben der industriellen Schmuckproduktion versuchen junge Designer, neue Modelle zu kreieren. Sammler suchen nach schönen Stücken verschiedener Herkunft, Farbe und Form oder besonderen Inklusen aus der Pflanzen- und Tierwelt.

Die positive Ausstrahlung des Bernsteins ist über Jahrtausende erhalten geblieben. Dies liegt unter anderem an der Wärme des Bernsteines, seiner Leuchtkraft und seiner Leichtigkeit. Jeder Bernstein ist ein Unikat und erzählt eine kleine Geschichte. Ist er klar und schaut man in ihn hinein, so kann man sich auf eine Reise in die Vergangenheit begeben. Hält man ihn in der Hand, so spürt man sofort seine Wärme.

Ist er roh, groß und noch ungeschliffen, sieht er wie ein wirklicher Stein aus, doch hebt man ihn dann auf, ist man verwundert über seine angenehme Leichtigkeit. Mit einfachen Methoden lässt sich aus einem relativ unscheinbaren Rohbernstein ein faszinierendes, einzigartiges Schmuck- oder Schaustück herstellen.

Doch was ist eigentlich Bernstein? Wie entstand er? Wie kann man erkennen, ob er wirklich echt ist oder gar eine Fälschung? Wo, wann und wie kann man Bernstein heute in Deutschland finden? Wie kann er bearbeitet werden?

Auf diese wie auch viele weitere Fragen möchte ich Ihnen in diesem Buch Antworten geben.

Kerstin von Holt

Was ist Bernstein und welche Arten von Bernstein gibt es?

Wie entstand der Bernstein?

Jeder, der zum ersten Mal einen faustgroßen Bernstein in der Hand hält, egal ob poliert oder roh, staunt: „Oh, ist der aber leicht! Ist das wirklich Bernstein?"

Die Erklärung dafür, dass Bernstein gar nicht „schwer wie ein Stein" ist, ist einfach: Bernstein ist sozusagen gar kein Stein, sondern ein fossiles Baumharz, besser: ein versteinertes Baumharz. Vor circa 54 bis 28 Millionen Jahren entstand er in der Zeit des mittleren bis späten Eozän als Harz von riesigen Nadelbäumen, wie man annimmt (Abb. 1). Das Harz härtete aus, versteinerte und wurde konserviert. Die Rahmenbedingungen dafür waren günstig: wenig Kontakt mit Sauerstoff, keine große Erhitzung, wenig Druck sowie die Beschaffenheit des Harzes an sich.

Es gibt bis heute keine eindeutige Klarheit darüber, welche Bäume den Bernstein produzierten. Man vermutet als „Mutterbäume" des auch an unseren Küsten zu findenden Baltischen Bernsteins die sogenannte Bernsteinkiefer (*Pinus succinifera*), die Goldlärche (*Pseudolarix*) oder die Schirmtanne (Familie Sciadopityaceae). Diese Vermutung ist bis heute nicht wissenschaftlich bestätigt, denn die Nadeln der genannten Bäume gehören zu den sehr seltenen Einschlüssen im Baltischen Bernstein. Daraus versucht man wiederum den Schluss zu ziehen, dass das Harz zwar geflossen ist, aber nur zu den Zeiten, wenn die Bäume nicht nadelten. Ebenfalls ist nicht bekannt, warum so große Harzmengen produziert wurden, die zu den heutigen Ablagerungen führten. War es das feuchte Klima? Wurden die Bäume von Parasiten befallen? Oder war das Waldgebiet einfach nur so groß? Wie hoch waren die Bäume und welchen Umfang hatten sie? Waren sie 50, 100 oder vielleicht 300 Meter hoch? Vielleicht gibt es so viel Bernstein, weil der Wald über 10 Millionen Jahre Bestand hatte und über diesen langen Zeitraum auch viel Harz in verschiedenen Sedimenten eingelagert werden und fossilisieren konnte.

Warum ist Bernstein so leicht?

Baumharz ist ein Pflanzensaft, der aus den Bäumen austritt. Baumöle und Wasser verbinden sich zu einer Emulsion, vermischen sich aber nicht. Das Harz fließt den Baum hinunter und der Grund dafür, dass es fließen kann, ist, dass es Wasser enthält. Millionen Jahre vergehen und das Harz versteinert. Das Wasser aber, das in dem Harz war, ist verdunstet und es sind mit Luft gefüllte Hohlräume entstanden. Betrachtet man einen klaren Bernstein genau, kann man manchmal große Hohlräume mit bloßem Auge erkennen. Zudem enthält jeder klare Bernstein circa 50 bis 100 Luftbläschen, verteilt auf einen Kubikmillimeter, die mit bloßem Auge nicht erkennbar sind. Gelber Bernstein hat circa 250.000 Luftbläschen pro Kubikmillimeter und weißer sogar 500.000 bis 1.000.000 pro Kubikmillimeter. Bernstein enthält also einen großen Anteil an eingeschlossener Luft; dies erklärt seine Leichtigkeit und somit auch seine spezifische Dichte. Er ist ein wenig schwerer als Wasser und seine spezifische Dichte liegt bei 1,05 bis 1,096 (g/cm^3).

Warum gibt es unterschiedliche Bernsteinfarben?

Auch heute noch kann man, wenn man sich die Zeit nimmt und genauer hinschaut, im Sommer im Wald Nadelbäume finden, die harzen (Abb. 2). Ist das Harz frisch, sieht es milchig und schaumig aus. Sollte die Sonne lange genug scheinen, findet man das Harz nach zwei Wochen bei einem weiteren Besuch am Baum klar und klebrig vor. So erging es dem Harz auch vor 54 Millionen Jahren. Das Harz, das im Baum war oder nicht von der Sonne beschienen wurde, blieb schaumig und der Bernstein wurde gelb oder sogar weißlich. Dieser Bernstein ist im Grunde genommen versteinerter Schaum und wird daher manchmal auch als Schaumbernstein bezeichnet. Er enthält besonders viele Luftbläschen und

Abb. 1: Heutiger Harzlieferant

Abb. 2: Austretendes Baumharz

Abb. 3: Schaum, wie er gewesen sein könnte, bevor er zu Schaumbernstein wird.

ist fast vergleichbar mit dem Schaum, den man beispielsweise beim Abwaschen erzeugt. Weißer oder Schaumbernstein schwimmt oft sogar in „normalem“, d.h. nicht salzhaltigem Wasser – so leicht ist er (Abb. 3).
Harz, das sich außerhalb eines Baumes befand, wurde langsam durch die Sonneneinstrahlung „aufgeklart“: Durch die starke Hitze entwich dem Harz viel Luft. Der klare Bernstein enthält also weniger Luftbläschen und wurde mit der langsamen Abkühlung klar (Abb. 4, Abb. 5).

Abb. 4: Klarer/gelber Bernstein, Größe 4 cm

Abb. 5: Bernsteinfluss, teilweise aufgeklart, Detailansicht

Es gibt auch sehr dunklen, erdigen Bernstein; warum ist dieser nun so dunkel? Ganz einfach: Das Harz floss den Baum hinunter und am Boden vermengte es sich mit Pflanzen, Erd- oder Borkenteilchen. Der Erdbernstein enthält also viele organische Reste, die mitversteinert wurden; so entstand dieser Erdbernstein.

Es gibt also von der Natur „hergestellt“ folgende Farbvarianten:

Weißen Bernstein – Auch Knochen- oder Schaumbernstein genannt, mit der höchsten Anzahl von Millionen unsichtbarer Luftbläschen (Abb. 6).

Klaren Bernstein – Durch die Sonneneinwirkung „aufgeklart“. Er ist honigfarben, durchsichtig und enthält die geringste Anzahl an Luftbläschen. Im klaren Bernstein sind auch die sogenannten Inklusen zu finden (Abb. 7).

Erd- oder Brackbernstein – mit anteiligen Erd-, Holz- und Pflanzenteilchen (Abb. 8).

Gelben Bernstein – mit vielen Millionen unsichtbarer Luftbläschen – sozusagen der Ausgangsbernstein oder die „Grundsubstanz“ (Abb. 9).

Alle Farbabweichungen entstehen durch die Anzahl der Luftbläschen, die im Bernstein enthalten sind und die durch die Sonnenbestrahlung geringer wurde, oder durch anteilig mitversteinerte organische Substanzen. Sehr typisch sind natürliche Farbverläufe und Mischformen der Bernsteine.

Abb. 6: Weißer Bernstein, Größe 3–5 cm

Abb. 7: Klarer Bernstein, Größe 3–7 cm

Abb. 8: Erd- oder Brackbernstein, Größe 5–7 cm

Abb. 9: Gelber Bernstein, Größe 6–7 cm

All diese Bernsteinfarbvarianten sind in der heutigen Natur zu finden, zunächst als Rohbernsteine, denn der Bernstein wurde im Laufe der Millionen Jahre von einer Verwitterungskruste überzogen. Deutlicher sind die Farben erst erkennbar, wenn die Verwitterungskruste abgeschliffen wird (Abb. 10).

Bei sogenannten Seebernsteinen ist die Verwitterungskruste durch langes Treiben und Abrollen am Meeresgrund schon abgeschliffen.

Es ist auch möglich sogenannte Pockenbernsteine, meist an der Nordseeküste, zu finden. Dies sind Bernsteine, die von Seepocken besiedelt wurden. Sie sind meist recht hübsch anzusehen, die Seepocken sehen wie kleine Blümchen auf den Bernsteinen aus, und sie sind beliebte Sammlerobjekte (siehe Abb. 8, Kapitel „Echtheit von Bernsteinfunden", S. 21).

Abb. 10: Rohbernsteine mit Verwitterungskruste, Größe 2–3 cm

Behandelter Bernstein

Autoklavierter Bernstein

Neben den zuvor beschriebenen Bernsteinvarianten gibt es nun auch den „autoklavierten“ Bernstein, der oft auch als „behandelter“ Bernstein bezeichnet wird. Was ist das eigentlich?

Schon die Wikinger haben damit begonnen, Bernstein „aufzuklaren“ (Abb. 11). Sie füllten Kessel mit Sand und platzierten gelbe oder trübe Bernsteine (Flomen-Bernstein) so in den Kesseln, dass sie keinen Schaden nehmen konnten. Dann erhitzten sie den sandgefüllten Kessel über einer Feuerstelle (Abb. 12). Anschließend wurde er langsam wieder abgekühlt und aus dem trüben Bernsteinen entstanden wunderbar klare Stücke.

Abb. 11: Aufgeklarter Bernstein, Größe 3–7 cm

Abb. 12: Nachbau eines Wikingerkessels nach einem Fund aus Ribe/Dänemark. Foto: Gary Mußfeldt

Bis in die heutige Zeit wird Bernstein erhitzt, um ihn zu aufzuklaren. Der Grund dafür ist, dass die Nachfrage nach klarem Bernstein deutlich höher ist als nach trübem, eine seit den letzten Jahrhunderten anhaltende Modeströmung. Auch gelben oder weißen Bernstein kann man Erhitzen. Dies wird nicht praktiziert, da wiederum der gelbe und weiße Bernstein rarer sind und durch Aufklaren an Wert verlieren würden. Auch würden durch das Aufklaren seine Wirkstoffe verpuffen, die man insbesondere in der Heilkunde genutzt hat (siehe Kapitel „Bernstein in der Heilkunde“, S. 85). Es gibt verschiedene Methoden, Bernstein

Abb. 13: Autoklavierter Bernstein aus der Schmuckproduktion, Größe 6 cm

Abb. 14: Autoklavierter Bernstein, Größe 5 cm

zu erhitzen. So benutzt man auch siedendes Öl in einer Pfanne, um ihn zu klaren oder es wird ein sogenannter Autoklav (ein technischer Apparat) eingesetzt, mit dem durch Druck und Hitze geklart wird. Durch Druck sollen die Luftbläschen entweichen. Auch langanhaltendes Erwärmen im Ofen bei geringer Temperatur lässt, mit viel Übung, den gewünschten Effekt entstehen: Aus einem trüben Bernstein wird ein glasklarer, einheitlich gefärbter Stein. Nur durch Erfahrung lässt sich erkennen, ob der Bernstein erhitzt wurde. Der Fachmann erkennt, z. B. anhand der Farbnuancen, geringste Unterschiede. Nun sind diese losen, geklarten Bernsteine üblicherweise kaum im Handel, geklart und geblitzt wird für die Schmuckproduktion.

Lässt man den erhitzten Bernstein in verschiedenen ausgeklügelten Prozessen abkühlen, entstehen sogenannte Blitze, oft fälschlicherweise als Einschlüsse bezeichnet. Es sind jedoch kleine Risse, die durch dieses Abkühlverfahren entstehen und auch gewünscht sind. In derartiger Häufigkeit und Gleichmäßigkeit sind sie in der Natur nicht vorhanden und auch ein Laie kann mit etwas Übung erkennen, ob der Bernstein behandelt wurde (Abb. 13, Abb. 14).

In der Naturheilkunde bevorzugt man unbehandelte Bernsteine, weil durch das Erhitzen die heilenden Substanzen aus dem Bernstein entweichen sollen. Für die Schmuckherstellung ist es belanglos, ob der Bernstein behandelt ist. Es geht nur darum, der Nachfrage zu entsprechen.

Pressbernstein

Ein fast umstrittenes Produkt der Bernsteinindustrie ist sogenannter Pressbernstein, auch Ambroid genannt (Abb. 15, Abb. 16). Der Laie nennt ihn „gegossen". Hierbei werden kleinste Bernsteinbröckchen in vorgefertigte Formen, meist Stangen, gefüllt und diese werden dann unter Luftabschluss, sehr hohem Druck und Hitze gepresst. Unterschiedliche Bernsteinfarben entstehen durch verschiedene Druck- und Hitzevariationen. Wie erkennt man nun Pressbernstein? Hält man einen gepressten Block oder ein Schmuckstück gegen Licht, so sieht man viele kleine gleichmäßige Schlieren, die niemals bei Naturbernstein auftauchen. Gelber Pressbernstein hat einen anderen Farbton als gelber Naturbernstein und sieht auch ebenmäßiger aus. Pressbernsteinstangen wurden oft für die Herstellung von Zigarettenspitzen oder für Pfeifen verwendet (Abb. 17). Auch für Möbelbeschläge, Türgriffe und Schnitzereien ist Pressbernstein geeignet. Wird bei einem Schmuckstück festgestellt, dass es „gepresst" wurde, so ist dies nicht unbedingt ein Nachteil. In den 1920er-Jahren wurden viele schöne und heute von Sammlern begehrte Ketten aus Pressbernstein hergestellt. Er ist, oder besser gesagt war, ein beliebtes Material zur kostengünstigeren Schmuck- bzw. Modesschmuckherstellung, wobei auch damals der Preis nicht übermäßig

Abb. 15: Pressbernsteinstangen, 1,5 bis 2,5 cm Durchmesser, 4–12 cm lang

Abb. 16: Pressbernsteinstangen, Detailansicht

Abb. 17: Zigarettenspitze aus Pressbernstein

hoch war. Pressbernstein verhält sich zu Naturbernstein wie in der Lebensmittelindustrie die Leberwurst zum Filet. Er ist immer noch Bernstein und keine Fälschung oder ein Kunststoff. Dabei erfordert die Produktion von Pressbernstein viel Fachwissen. Hohe und verhältnismäßig teure Sicherheitsmaßnahmen sind für die Herstellung nötig und so wird in Deutschland kein Pressbernstein mehr hergestellt.

Aufgrund der hohen Nachfrage nach Bernsteinschmuck, die um 2012 herum entstand, hat sich leider in einigen Ländern, die nicht so hohe Sicherheitsauflagen für die Produktion wie Deutschland haben, die Pressbernsteinindustrie wiederbelebt. Mit ausgeklügelten Methoden versuchte man Ketten und weitere Schmuckstücke zu produzieren, die möglichst wie Naturbernsteinschmuckstücke aussehen sollten. Hauptsächlich wurde für den chinesischen und arabischen Markt gefertigt. Dies hat sich allerdings aufgrund der international gesunkenen Nachfrage wieder erübrigt (Abb. 18).

Abb. 18: Pressbernsteinkugeln, Durchmesser 3 cm

Baltischer Bernstein

In Deutschland befindet sich zu circa 90 % Baltischer Bernstein im Handel und wird in den Geschäften sowie auf Mineralienbörsen verkauft und präsentiert. Auch Bitterfelder Bernstein, Kiesgrubenbernstein sowie Nord- und Ostseebernstein fallen unter den Sammelbegriff Baltischer Bernstein. Es gibt aber in Europa und weltweit weitere erschlossene Bernsteinfundstellen, wie z. B. auf Sumatra und in der Dominikanischen Republik. Diese Bernsteine haben oft eine andere, insbesondere bläuliche oder grünliche Färbung (siehe Kapitel „Bernsteinfundstellen", S. 29).
Bernstein gilt ab einem Alter von circa zwei Millionen Jahren als Bernstein.

Eine Sonderstellung nehmen Insekteneinschlüsse, auch **Inklusen** genannt, im Baltischen und Dominikanischen Bernstein ein. Wie heute noch, wurden auch im Eozän Insekten von dem in der Sonne leuchtenden Harz angezogen. Insbesondere kleine Insekten konnten sich nicht mehr aus eigener Kraft aus dem Harz befreien und blieben daran kleben. Deswegen sind Insekteneinschlüsse im Baltischen Bernstein auch immer klein. Sollten Sie einen 5 Zentimeter großen Käfer oder eine 10 Zentimeter große Spinne im Bernstein eingeschlossen sehen, so sind dies garantiert Fälschungen. Auch größere Tiere, wie Schlangen oder Eidechsen konnten sich aus eigener Kraft von dem klebrigen Harz befreien. Ameisen, Zecken, Milben, Mücken und Co. waren auch vor 48 bis 52 Millionen Jahren genauso klein wie heute

Abb. 19: Bernstein mit Insekteneinschluss „Pilzmücke", Größe des Insekts 0,8 cm

und sind in ihrer Genetik bis heute unverändert (siehe Kapitel „Insekteneinschlüsse in Bernstein“, S. 110).

Natürlicherweise sind Insekten- und auch Pflanzeneinschlüsse nur in klarem Bernstein zu finden. Oftmals findet man lediglich Teile eines Insekts oder eine Pflanzenfaser. Für die Wissenschaft sind komplett erhaltene Insekten natürlich besonders wertvoll, sind sie doch Zeugnisse vergangenen Lebens vor vielen Millionen Jahren auf unserem Planeten. Aber auch private Sammler begeistern sich für Inklusen. Sie suchen nach Fliegen, Mücken, Termiten, Heuschrecken, Zikaden und kleinen Kriechtieren aller Art. Der Sammler pflanzlicher Inklusen kann Pilze, Moose, Flechten und auch Pflanzenhaare finden. Auch Wassertropfen und große Luftblasen können im Bernstein eingeschlossen sein.

Der sogenannte „Bernsteinwald“, der das zu Bernstein fossilisierende Harz produzierte, ist innerhalb von circa 20 Millionen Jahren entstanden. Das heißt, eine jetzt gefundene kleine Assel kann auch aufgrund der Umlagerung des Bernsteines und der verschiedenen Klimazonen, die der Bernsteinwald umfasste, aus einer ganz anderen Zeit stammen als eine gleichzeitig gefundene Mücke (Abb. 19).

Bernstein ist meist Baltischer Bernstein, ebenso gilt dies für die daraus folgenden Produkte wie autoklavierten Bernstein und Pressbernstein. Weitere Bernsteinarten werden meist nach ihren Fundorten benannt, wie der schon beschriebene Dominikanische Bernstein oder auch der Bitterfelder Bernstein, der Mexikanische Bernstein und solcher von anderen, meist weniger bedeutenden Fundstellen (siehe Kapitel „Bernsteinfundstellen“, S. 29).

Was ist kein Bernstein oder wird fälschlicherweise als solcher angeboten?

Kopal

Hier steht an erster Stelle Kopal (Abb. 20). Kopal ist ebenfalls ein Baumharz, aber wesentlich jünger als Bernstein, meist circa 50 bis 100 Jahre alt. Es wird aus Laub- und Nadelbäumen gewonnen und dient in der Industrie als Grundlage für hochwertige Lacke, z. B. für Instrumente. Da Kopal sehr weich ist, ist er für die Schmuckherstellung uninteressant. Im Kopal befinden sich jedoch viele tierische und pflanzliche Einschlüsse und er wird oftmals fälschlich als „junger Bernstein“ vertrieben. Kopal ist schnell an der leicht schmierigen Oberfläche zu erkennen, mit etwas Übung auch an der Farbe. Zur definitiven Echtheitsfeststellung empfiehlt sich der Acetontest. Tröpfelt man etwas Aceton auf den Kopal, wird er sofort schmierig. Das wird bei Bernstein nicht passieren.

Abb. 20: Kopal aus Kolumbien, Größen von 1 bis 5 cm

Kunststoff-Bernstein

Schon seit langer Zeit wird Baltischer Bernstein gefälscht, das heißt, dass Kunststoff eingefärbt wird, sodass er echtem Bernstein ähnlich sieht. In der ehemaligen DDR wurde dieser auch ganz offiziell als Polybern verkauft. Schmuckstücke und Ketten wurden aus diesem Material hergestellt. Weitere Materialien für Fälschungen sind Celluloid, Plexiglas und Bakelit (Abb. 21).

Kunststoffe sind günstiger als Bernstein es je sein wird (Abb. 22). Um sicher zu gehen, ob man eventuell ein Stück aus Kunststoff vor sich liegen hat, kann man den später beschriebenen Brenntest machen. Kunststoff riecht süßlich, Bernstein immer harzig und teerig.

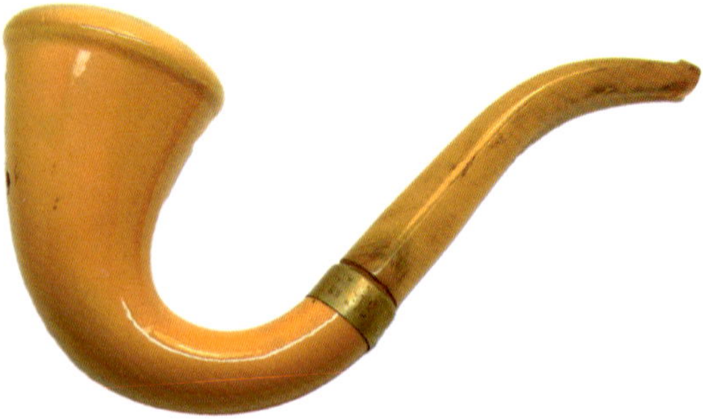

Abb. 21: Pfeife aus Bakelit

Abb. 22: Ketten aus Kunststoff

Wie ist die Echtheit von Bernsteinfunden oder -schmuck zu erkennen?

Echtheit von Bernsteinfunden

Es gibt einige Möglichkeiten zu ermitteln, ob es sich bei einem gefundenen Stück wirklich um Bernstein handelt:

Fundort

Bernstein ist im Watt und am Strand von Nord- und Ostsee zu finden. Im Watt liegt er immer oben, am Strand meist zwischen Schlick und Tang sowie an der Meeres-Saumkante zwischen anderem angespültem Strandgut wie beispielsweise Holz (**Abb. 1, 2, 3**). Da Bernstein immer oben liegt, muss man am Strand nicht erst graben, um Bernstein zu finden.

Größe, Farbe und Aussehen

Bernsteine liegen häufig in Stecknadelkopf- bis Fingernagelgröße vor, aber auch faustgroße Stücke sind zu finden. Dies ist eher selten, jedoch durchaus möglich. Krabbenfischer haben oft größere Stücke in ihren Netzen und verkaufen sie gerne an Sammler. 500 bis 1.000 Gramm schwere Bernsteine, oder sogar noch schwerere Bernsteine, werden sehr selten an Stränden gefunden (**Abb. 4, 5, 6, 7**). Die Mine bei Jantarnyj (siehe Kapitel „Bernsteinfundstellen", S. 29) fördert jährlich größere Funde zutage, deren Abbildungen dann im jährlichen Minenbericht publiziert werden. So hat das Kombinat in 2017 18 Stücke von 1 bis zwei Kilo gefördert, die sogar Eigennamen bekamen. 14 von diesen wurden via Auktionen für 9,3 Millionen Rubel verkauft (wie das Kombinat in seinem „Social Report" von 2019 berichtet, siehe „Interessante Internetauftritte", S. 127).

Im Bernsteinmuseum zu Danzig kann man über zwei Kilo schwere Bernsteine bewundern. Ein Besuch dieses schönen Bernsteinmuseums ist für Interessierte sehr empfehlenswert. Der größte Bernstein wurde 1860 im damaligen Preußen (heute Polen) gefunden. Er wiegt 9,75 Kilo und lagert hinter Panzerglas im Museum für Naturkunde an der Humboldt-Universität Berlin.

Mit etwas Glück ist der Bernstein an seinen typischen Bernsteinfarben zu erkennen. Von gelblich bis weiß kompakt oder durchscheinend honigfarben und leuchtend. Er kann auch dunkelbraun und schwärzlich sein. Bernsteine, die am Strand gefunden werden, sind meist „abgerollt". Das heißt, ein Teil der Verwitterungskruste ist schon abgeschliffen, sie sind nicht mehr so kantig und die Farbe ist zu erkennen. Oftmals ist aber ein genaues Hinsehen notwendig, Rohbernsteine erscheinen recht unscheinbar. Denn: Bernsteine liegen auf dem Meeresgrund, werden durch die Kraft der Wellen nach oben und unten gedrückt

Abb. 1 (oben): Strandgut mit Bernstein, Größe der Bernsteine 1 cm

Abb. 2, 3 (unten): Meeres-Saumkante (links) und angeschwemmter Bernstein (rechts) am Strand bei Palmnicken, Mai 2010. Fotos: Christel Hoffeins

Abb. 4, 5: Baltischer Rohbernstein, 586 Gramm, 12 x 10 x 6 cm

Abb. 6, 7: Baltischer Rohbernstein, 412 Gramm, 13 x 11 x 6 cm

und durch die Wellenbewegung des Meeres hin und her geschleudert und abgerollt. Nord- und Ostsee haben einen Salzgehalt von 0,3 % bis ca. 3 %. Wegen des geringen Salzgehaltes befinden sich die Bernsteine am Meeresgrund denn Bernstein schwimmt nur ab 10 % Salzgehalt des Wassers oben auf.

Nach Stürmen und starken Wellenbewegungen wird Bernstein an den Strand getrieben.

Manchmal sind die Bernsteine auch bewachsen. Flechten, kleine Krustentiere oder Würmer haben sich auf ihnen niedergelassen. Begehrt sind Bernsteine mit deutlich erkennbaren Seepocken (**Abb. 8**).

Abb. 8: Bernstein mit Seepocken, Länge des Bernsteins 3 cm

Klangtest

Dieser Test kann eventuell unangenehm sein, bei ihm ist Vorsicht geboten. Der Fund wird dabei gegen die Zähne geschlagen. Verursacht dies einen stumpfen, holzartigen Klang, so wird es Bernstein sein. Wenn der Klang jedoch hell ist und einen leichten Schmerz am Zahn auslöst, handelt es sich nicht um Bernstein, sondern um Glas oder Stein. Dieser Test funktioniert gut und gibt schnell Gewissheit.

Ein Bernstein klingt nie hell und „glasklar“, sondern immer stumpf und holzig.

Reibung

Bernstein lädt sich bei Reibung elektrostatisch auf: Reibt man Bernstein an Wolle oder Baumwolle, so zieht er kleine Papierschnitzelchen an (Abb. 9, 10). Meistens muss der Bernstein dafür jedoch schon geschliffen und glattpoliert sein. Am Strand gefundene, unbearbeitete Bernsteine haben oft noch eine raue Oberfläche, sodass bei ihnen dieser Test nicht so gut funktioniert. Eine weitere Reaktion des Bernsteins auf Reibung ist das Verströmen eines leicht harzigen Geruchs – dies ist ebenfalls ein Hinweis auf seine Echtheit.

Abb. 9 (links): Bernstein durch Reiben am Baumwolltuch „aufladen“. Größe des Bernsteines 4 cm.
Abb. 10 (rechts): Papierschnipsel werden angezogen und kleben am Bernstein.

Gewicht

Hält man Bernstein in der Hand, erstaunt er durch seine Leichtigkeit, dies ist selbst bei größeren Stücken der Fall.

Ein kleiner Stein, am Strand gefunden, ist wesentlich schwerer als ein Bernstein gleicher Größe, den man am Strand findet.

Aufgrund seines geringen Gewichts schwimmt Bernstein in Wasser, das zehn Prozent Salz enthält, immer oben. Auch hierzu gibt es einen einfachen Test:

Man nehme ein Glas, fülle es mit 100 ml Wasser sowie anteilig mit 10 Prozent Salz und lege einen Bernstein hinein. Der Bernstein wird auf der Oberfläche der Flüssigkeit schwimmen (Abb. 11). Dies gilt auch für Bernstein, der in ein mit Coca Cola gefülltes Glas gegeben wird: Der hohe Zuckergehalt treibt den Bernstein nach oben, Glas oder ein anderer Stein würden sofort sinken. Anmerkung: Kunststoff sinkt nicht, dieser Test funktioniert nicht für Bernsteinimitate aus Kunststoff.

Abb. 11: Bernstein im Wasserglas mit 10 %igem Salzwasser. Größe des Bernsteins 4 cm.

Dieser Test gilt natürlich auch nicht für Bernsteinschmuck. Die Fäden und Verschlüsse saugen sich mit Wasser voll und ziehen bei diesem Test die Bernsteinschmuckstücke mit nach unten.

Härte

Einen Bernstein kann man mit einem Taschenmesser leicht einritzen, manchmal genügt dazu sogar ein Fingernagel. Dies ist bei Glas oder Stein natürlich nicht möglich. Auf der sogenannten Mohsschen Härteskala, die die Härte von Mineralien, Metallen und anderen Stoffen in 10 Stufen einteilt, hat Bernstein einen Härtegrad zwischen 2 und 3, ähnlich wie Gips. Zum Vergleich: Diamant dagegen hat die höchste Härtestufe, und zwar 10.

Brennen und Geruch

Bisweilen liegen im Watt oder am Strand Kunststoffbrocken oder Teilchen, die dem Bernstein verblüffend ähnlich sehen und genauso leicht sind. Hier gibt es eine weitere Möglichkeit, den Fund zu testen, nämlich die, das Stück anzuzünden. Beim Brennen des Bernsteins entsteht eine helle Flamme, die stark rußt und nach Weihrauch, Harz oder Teer riecht (Abb. 12). Dieser Geruch ist sehr intensiv und kann als abstoßend empfunden werden. Der verbrannte Bernstein ver-

Abb. 12: Brennender Bernstein, mit einem Feuerzeug entzündet.

läuft zu einer schwarzen Masse, die sich schnell erhärtet. Nun brennen Kunststoffe ebenfalls, aber sie riechen nie nach Teer, sondern immer süßlich. Dieser Test ist natürlich nicht bei Schmuck anzuwenden.

Der Name Bernstein lässt sich übrigens auf seine Brennbarkeit zurückführen. Brennen heißt auf Niederdeutsch „Bernen" („Börnen"). Der Bernstein heißt von seinem Wortursprung her betrachtet also „Brennstein".

Azetontest

Eine weitere Möglichkeit, Bernstein von Kunststoffen zu unterscheiden, bietet der Azetontest. Hierbei wird ein mit azentonhaltigem Nagellackentferner beträufeltes Wattestäbchen über den Fund gerieben. Handelt es sich bei dem Stück um Bernstein, darf es nicht am Wattestäbchen kleben bleiben oder sich auflösen – bei Kunststoffen wäre dies der Fall. Zudem darf sich das Wattestäbchen bei Kontakt mit Bernstein nicht verfärben.

Phosphor und Schießwolle

Abb. 13: Phosphorklumpen, Foto: Dr. Frank Rudolph, Urzeithof

Vorsicht: In seltenen Fällen finden Spaziergänger weiße oder orange Brocken, die sich plötzlich selbsttätig entzünden. Das heißt, sie beginnen zu qualmen oder eventuell in der Manteltasche zu brennen. Das kann gefährlich werden, denn die Brocken sind keine Bernsteine, sondern Phosphorklumpen (Abb. 13, 14). Mit Phosphor wurden während des Zweiten Weltkrieges Brandbomben gefüllt. Nach dem Ende des Krieges hat man die Brandbomben in der Ostsee (beispielsweise vor Lübeck) versenkt, nicht ahnend, dass Jahrzehnte später Phosphor an Strände geschwemmt wird.

Auch sogenannte Schießwolle (Abb. 15) wird manchmal an den Ostseestränden gefunden. Schießwolle ist hochgiftig und steckte nahezu in fast jedem Spreng-

Abb. 14: Brennender Phosphor am Strand, Foto: Katrin Mohr, Urzeithof

körper der im Zweiten Weltkrieg zum Einsatz kam. Schießwolle sieht rötlich und wie ein Ziegelstein aus. Der NABU SH (Naturschutzbund Schleswig-Holstein) warnt eindringlich davor, solche Brocken in die Hand zu nehmen.

Abb. 15: Schießwolle,
Foto: Dr. Frank Rudolph, Urzeithof

Echtheit von Schmuckstücken

Beim Bestimmen der Echtheit von Schmuckstücken wird es schwieriger. Man kann schlecht in einem Geschäft eine Kette anzünden oder einen Bernstein brennen lassen, abgesehen davon, dass dies den Schmuck ruinieren würde. Auch ist der Salzwassertest im Geschäft weder praktikabel noch dienlich, denn bereits der nasse Baumwollfaden einer Bernsteinkette zieht die Kette auf den Grund des Gefäßes. Selbst eine kleine Silberöse an einem Anhänger hat diesen Effekt.

Der Geruchstest

Durch Reiben an einer Kette kann man diesen Test durchführen. Auch hochpolierten und autoklavierten Bernsteinketten entströmt nach längerem Reiben der harzige Geruch. Letztlich sollte man beim Kauf von Bernsteinschmuck jedoch auch auf gute Beratung und einen seriösen Eindruck des Händlers vertrauen.

Künstliche Farbveränderungen

Der sogenannte „grüne Bernstein“ ist gar nicht grün. Sehr heller, fast citrinfarbener Bernstein wird von der Rückseite dunkelbraun gefärbt. So entsteht bei Ohrsteckern, Anhängern und Broschen der grüne Ton. Hellgrün leuchtende Bernsteinketten sind komplett chemisch durchgefärbt.

Natürliche Farbveränderungen

Antike Bernsteinketten haben im Lauf der Jahrzehnte ihre Farbe verändert, denn Bernstein reagiert auf Sauerstoff und Sonnenlicht und oxidiert. Er wird evtl. trübe oder die Farbtöne intensivieren sich und werden dunkler. Eine Kette, die vor dreißig Jahren aus einem gelben Bernstein angefertigt wurde, ist heute wesentlich dunkler, ihr Gelbton hat sich intensiviert (Abb. 16).

Abb. 16: Intensivierung des gelben Farbtons bei Bernsteinketten im Lauf der Jahrzehnte.

Ist sie noch früher entstanden, so wird der Farbton heute noch dunkler, fast orangefarben. Auch cognacfarbene Ketten werden in ihrer Farbe intensiver. Der Cognacton wird dunkler, fast rötlich.

Für rohe und polierte Bernsteine gilt bezüglich der Farbintensivierung das Gleiche.

Gut zu wissen

Besonders Naturkundemuseen mit großen Inklusensammlungen haben mit diesem Farbveränderungs- und Zerfallsprozess zu kämpfen. Verschwinden doch durch den Oxidationsprozess jahrmillionenalte Zeitzeugen unserer Evolution, die von höchstem wissenschaftlichem Wert sind.

Nach circa 150 Jahren kann es möglich sein, dass ein ehemals klarer Bernstein mit Einschlüssen von Insekten oder Pflanzenteilen nur noch ein bräunlicher Klumpen ist.

Für Erbstücke, polierte und Rohbernsteine sowie Inklusenbernsteine gilt: Versuchen Sie den Verwitterungsprozess aufzuhalten, indem Sie ihre Bernsteine zunächst nicht dauerhaft in das direkte Sonnenlicht legen. Weiterhin empfiehlt es sich, diese eventuell in luftdichte Gefrierbeutel zu packen. Verwahren sie ihre Schätze dann gut verpackt in dunklen Schubladen. Inklusensammler können ihre Preziosen auch lackieren oder in Kunstharz eingießen lassen.

Bernsteinfundstellen in Deutschland, Europa und weltweit

Ursprung und Umlagerung des Baltischen Bernsteins

Der Baltische Bernstein stammt aus Sedimenten des Tertiärs, genauer gesagt aus einem Teilabschnitt dieses Erdzeitalters, dem Eozän. Er nimmt in Europa eine Sonderstellung ein, da er zum einen in relativ großen Mengen und zum anderen an vielen Orten gefunden wird. Der ursprüngliche Entstehungsort des Harzes, aus dem später der Baltische Bernstein entstand, wird im Bereich von Finnland und Russland bis hinüber nach Dänemark und Deutschland vermutet. Alle Fundstellen des Baltischen Bernsteines sind sekundäre Lagerstätten, das heißt, der Bernstein wurde mindestens einmal im Lauf der letzten 54 Millionen Jahre umgelagert und ist nicht dort zu finden, wo er vermutlich entstanden ist (Abb. 1). Somit kann auch der genaue Ursprung des Bernsteins heute nicht mit Sicherheit belegt werden. Fundorte des Baltischen Bernsteines gibt es unter anderem an der gesamten Küstenregion der Ostsee. Die Bernstein führenden Sedimente des Tertiärs, die unter der Ostsee liegen, wurden ausgewaschen und der

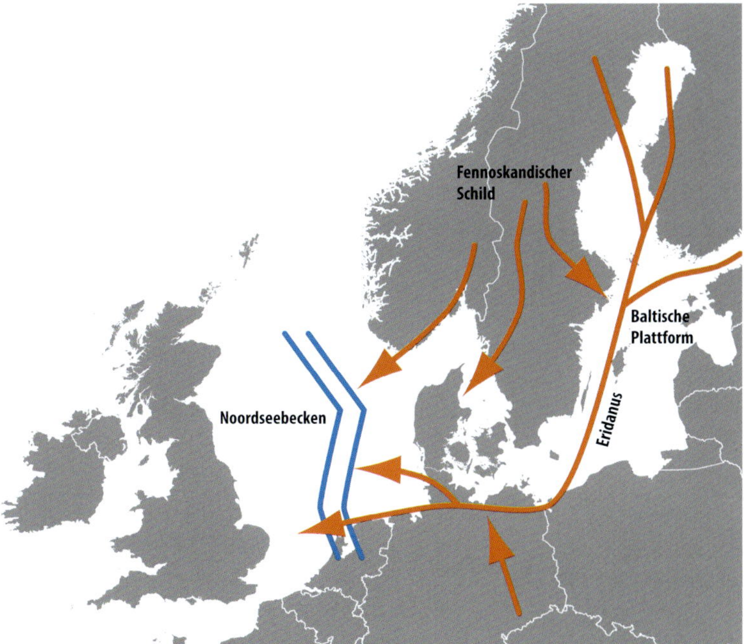

Abb. 1: Wege der Umlagerung des Bernsteins. Karte: J. Renfordt, nach PalaeoMal (Tom Meijer) Wikipedia Enzyklopädie.

Bernstein wird, auch bedingt durch den Salzanteil des Wassers, an die Küstenstrände gespült. An die Nordseestrände wird Bernstein ebenfalls getrieben, vermutlich wurde er durch die Meeresströmung dorthin transportiert.

Jantarnyj

Einer der größten heutigen Fundorte ist Jantarnyj, ehemals Palmnicken, im Samland bei Kaliningrad. Jantarnyj ist die ergiebigste Fundstelle überhaupt, hier wird der Bernstein im Tagebau abgebaut. 95 Prozent des Baltischen Bernsteines stammen vermutlich von diesem Fundort. Der Bernstein befindet sich in einer unter der Erdoberfläche befindlichen Sedimentschicht, die „Blaue Erde" genannt wird. Die Produktion erreichte in einigen Jahren bis zu 1.300 Tonnen, von 1951 bis 1988 wurden insgesamt rund 17.700 Tonnen gefördert (Abb. 2).

Abb. 2: Bernsteinmine Kaliningradskij Jantarnyj Kombinat im Mai 2008. Foto: Christel Hoffeins

Zur Gewinnung des Bernsteins wird der Abraum über der „Blauen Erde" abgetragen, daraufhin schrappt ein Eimer-Bagger mit einer großen Schaufel eine Tonne Erde von der Wand und lädt sie hinter sich ab (Abb. 3). Das Erdgemenge wird mit Wasser aufgeschwemmt und die schlammige Masse von großen Pumpen über kilometerlange Rohre ins Kombinat – so nennt sich der staatliche Betrieb zur Gewinnung und zum Abbau des Bernsteins – befördert (Abb. 4). Im Kombinat werden die Bernsteine ausgesiebt (Abb. 5).

Abb. 3: Bagger in der Bernsteinmine Kaliningradskij Jantarnyj Kombinat, Mai 2011. Foto: Anastasija Kasilowa

Abb. 4: Bernsteinmine Kaliningradskij Jantarnyj Kombinat, Pumpstation, Mai 2008. Foto: Christel Hoffeins

Abb. 5: Baltischer Rohbernstein aus dem Tagebau bei Jantarnyj. Größe 2 bis 3 cm.

Nachdem durch den russischen Zoll große Mengen Diebes- und Schmuggelware (etwa 900 bis 1.000 Kilogramm Rohbernstein und bis zu 6.000 Stück Fertigerzeugnisse innerhalb von zwei Jahren) beschlagnahmt worden waren, deren Spuren in und um das Bernsteinkombinat Jantarnyj zurückverfolgt werden konnten, erhöhte man die Sicherheitsvorkehrungen an der Grube, die über 90 Prozent der jährlichen Weltlieferung förderte.

Vor einigen Jahren brach die Ostsee nach einer schweren Sturmflut durch die Dünen. Der Strandtagebau wurde überschwemmt. Die Mine wird aber weiterhin im Inland, circa zwei Kilometer von der Küste entfernt, betrieben.

Im Jahr 2009 wurden dort offiziell 341 Tonnen Bernstein gefördert. Die Jahresproduktion wird geringer, weil immer tiefer nach Bernstein gegraben werden muss und die Förderung teurer und technisch aufwändiger wird. Da aber auch die Nachfrage nach Rohbernstein weltweit steigt, steigen mit einer geringeren Förderung und einem geringeren Abbau des Rohbernsteins auch dessen Preise, was dem Kombinat sicherlich nicht ungelegen kommt. Im Moment wird von einer künstlichen Verknappung der Rohbernsteinförderung gesprochen. Es gibt Pläne, eine weitere Grube zu eröffnen, doch sind diese bisher noch nicht in die Tat umgesetzt worden.

Die russischen Zollbehörden stellten wiederum fest, dass im Jahr 2009 circa 700 Tonnen exportiert wurden. Diese Differenz zu den offiziellen Abbauzahlen ergibt sich aus dem immer noch blühenden Schwarzhandel. Privatpersonen, sogenannte „Schwarzgräber“, bauen in den nahe der Mine gelegenen Dörfern illegal Bernstein ab und verkaufen diesen. Die russischen Aufsichtsbehörden versuchen mit unterschiedlichen Methoden, wie Geld- und Gefängnisstrafen, dagegen vorzugehen – der Erfolg ist allerdings ungewiss.

2012 wurde das Kombinat aufgelöst und die Mine wurde privatisiert, bzw. gehört jetzt einer Firma, die wiederum dem russischen Präsidenten gehören soll. Ein großer Teil der Förderung geht seit circa 2014 direkt in arabische Länder sowie auch direkt nach China. Dort wird der Bernstein in großen Mengen zu Schnitzereien oder zu Schmuck verarbeitet.

Die künstliche Verknappung wird weiterhin praktiziert. 2019 wurden offiziell 470 Tonnen gefördert.

Seit 2019 hat die Mine für Touristen eine Rundtour eingerichtet. Abgesehen von einigen geschichtlich interessanten Stationen sowie natürlich den üblichen Shops, können sich Touristen auf eine Aussichtsplattform begeben und von dort aus den Abbau des Bernsteines verfolgen.

Auch in Polen gibt es mittlerweile einige kleine legale Minen, von denen aus der Rohbernstein weltweit versandt wird. Aber auch hier blüht, trotz strenger Ausfuhrkontrollen, der Schwarzhandel.

Es gibt immer noch den sehr alten Beruf des Bernsteinfischers. Besonders in Litauen stehen Männer bei Herbst- und Winterstürmen im Meer und versuchen mit langstieligen Käschern Bernsteine aus den Wellen zu fischen. Mühevoll holen sie wieder und wieder Tang und Schlick aus den Wellen und suchen darin Bernsteine (Abb. 6). Ihre Funde verkaufen sie offiziell an Bernsteinmeister der Küstenregionen. Hauptberuflich können sie nicht davon leben, aber sie hoffen stets auf einen großen Fund. Nach Bernstein wird auch an der Ostseeküste getaucht. Mit Taucherbrillen und Anzügen bewaffnet, versuchen diese modernen Fischer, den Seebernstein frühzeitig zu finden, natürlich bevor ein anderer ihnen zuvorkommt. Je nach Wind und Strömung sind reichliche Funde zu erwarten und teilweise auch dokumentiert.

Mittlerweile kann man auch an den Stränden Rügens sowie an weiteren Ostseestränden nach Frühjahrs- und Herbststürmen viele Touristen sehen, die nach Bernstein tauchen oder am Ostseeufer versuchen, nach Bernstein zu fischen.

Abb. 6: Bernsteinfischer in der Ostsee bei Palmnicken, Strand von Dirschkeim, Russland, August 2008. Foto: Christel Hoffeins

Ukrainischer Bernstein

Schon seit Ende des 19. Jahrhunderts wird in den Umgebungen von Riwne oder Klesow von der dortigen Bevölkerung Bernstein gesammelt. Zunächst waren es nur sogenannte „Lesefunde“, d. h. der Bernstein wurde, meist nach der Schneeschmelze, aufgelesen und eventuell an polnische oder ukrainische Händler verkauft. Seit 1993 wird in diesem Gebiet auch staatlich Bernstein gefördert. Die Förderung liegt bei durchschnittlich zwei Tonnen im Jahr. Physikalisch und chemisch untersucht gleicht der ukrainische Bernstein zu fast 100 Prozent dem Baltischen Bernstein (Succinit). Deswegen nimmt man an, dass dieser den gleichen Ursprung wie der Baltische Bernstein hat, aber durch Meeresströmungen umgelagert wurde.

Sehr viel Aufsehen erreichte in den letzten Jahren der illegale Bernsteinhandel. Die relativ arme Bevölkerung versucht, durch Bernsteinverkäufe ihr Einkommen aufzubessern. Um die dortigen kleinen Dörfer herum sind ganze Waldgebiete schon mehr oder weniger umgegraben und sehen wie Mondlandschaften aus. Überall gibt es illegale Pumpen, die den Bernstein ans Tageslicht befördern. Der illegale Handel entwickelt mafiöse Strukturen. Es kommt immer wieder zu Streitereien mit den Ordnungshütern und sogar zu Schießereien. Argumente der Bevölkerung sind deren Armut und der Hinweis darauf, dass sie eben hier schon immer Bernstein gesammelt hätten. 2015 beschlagnahmte die polnische Polizei an der Grenze zur Ukraine an einem Tag 1,5 Tonnen illegal verfrachteten Bernstein. Dies verdeutlicht das Ausmaß des Schwarzhandels. Fernsehteams auch aus Deutschland besuchten die Gebiete und dokumentierten den Raubbau an der Umwelt, aber auch die Situation der Bevölkerung. Die Filme sind in den Mediatheken der jeweiligen Sender sowie auch auf YouTube zu finden.

Bitterfeld

Eine weitere sehr bekannte Fundstelle des Bernsteins ist Bitterfeld in Sachsen-Anhalt. Anfang der 1970er-Jahre wurde unter einem Braunkohletagebau, der Grube Goitzsche in Sachsen-Anhalt, Bernstein gefunden. Die Bernsteine befanden sich nicht in der „Blauen Erde", wie im Samland, sondern in einer Tonschicht. Dies führte wieder zu neuen Theorien über die Umlagerung von Bernstein. Probebohrungen verhießen ein Gesamtvolumen von 1.400 Tonnen. Bis Anfang der 1990er-Jahre wurde die Bernsteingewinnung betrieben (Abb. 7). Der Bitterfelder Bernstein wurde hauptsächlich für die chemische Industrie

Abb. 7: Tagebaugebiet bei Bitterfeld, Grube Goitzsche, Foto von 1975, Aufnahme aus dem Stadtarchiv Bitterfeld-Wolfen.

Abb. 8: Bitterfelder Rohbernstein mit deutlicher Färbung durch die Braunkohlelagerstätte. Größe 1 bis 2 cm.

zur Herstellung von Lacken verwendet. Ein Teil der Produktion diente jedoch auch der Schmuckherstellung. So wurden im „VEB Ostseeschmuck", dem zu DDR-Zeiten bedeutendsten Produzenten von mit Bernstein verziertem Silberschmuck, viele Ketten und Armbänder hergestellt, die dann in den „Westen" verkauft wurden.

Ab 1989 kamen auch private Sammler auf das Gelände, die eimerweise den meist rötlichen Bernstein aufsammelten. Die rötliche Färbung entstand durch die viele Millionen Jahre andauernde Lagerung des Bernsteins in der Braunkohle

Abb. 9: Größere Funde von Bitterfelder Rohbernstein. Größe 3 bis 5 cm.

Abb. 10: *Die geflutete Grube Goitzsche bzw. das heutige Naherholungsgebiet Goitzschesee im Jahr 2008. Foto: Andrea Dassler/Stadtarchiv Bitterfeld-Wolfen*

(Abb. 8, 9). Der Bitterfelder Bernstein lag, bedingt durch Witterungseinflüsse, oft frei. Nach der „Wende“ war der Abbau in Bitterfeld nicht mehr wirtschaftlich, die günstigen Preise für Schmuck sowie für Lacke konnten nicht mehr aufrechterhalten werden und ein neues Projekt für die Region Bitterfeld wurde geplant. Man beschloss, das gesamte Gebiet zu renaturieren oder zu rekultivieren. Die ehemalige Grube wurde geflutet und der Bitterfelder Bernstein verschwand für immer. Heute gibt es in einem Naherholungsgebiet neben der Stadt Bitterfeld den „Bernsteinsee“, unter dem sich – wie man vermutet – immer noch 900 Tonnen Bernstein befinden (Abb. 10, 11). Da es nicht mehr möglich ist, an den Bitterfelder Bernstein zu gelangen, werden Bitterfeld-Sammlungen immer interessanter und begehrter.

Abb. 11: Der Goitzschesee im Jahr 2011. Foto: Doppelbauer, Pressestelle der Stadt Bitterfeld-Wolfen

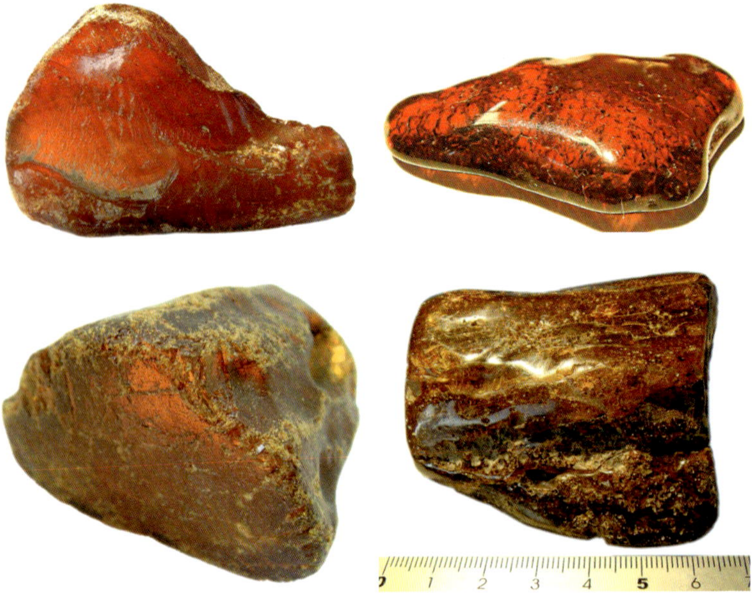

Abb. 12, 13, 14, 15: Polierte und rohe Bitterfelder Bernsteine, Größe jeweils 5 bis 6 cm

Neuerdings darf mit Schwimmbaggern im heutigen Goitzschesee nach Bitterfelder Bernstein „gefischt“ werden. Ob und wie lange die behördlichen Genehmigungen dafür bestehen bleiben, ist nicht gewiss (Abb. 12, 13, 14, 15).

Interessant sind auch die Kiesgrubenbernsteine aus Norddeutschen Kiesgruben oder dem Berliner Umland (Abb. 16, 17). Diese weisen oft besonders schöne Farben auf, haben sie doch lange im hellen Kies oder Sand gelegen. Sammler brauchen immer eine Genehmigung, um in einer Kiesgrube nach Bernstein zu suchen, da illegales Betreten der Kiesgruben unter Lebensgefahr verboten ist (siehe Kapitel „Sammlertour und Sammelhinweise“, S. 48).

Sonstige Fundstellen in Europa

Fossile Harze sind weitflächig in ganz Europa zu finden. Sie stammen hauptsächlich aus Sedimenten der Kreidezeit (und sind ca. 144 bis 65 Millionen Jahre alt) sowie aus den Sedimenten des Tertiärs (und sind dann 65 bis 2 Millionen Jahre alt). Da der Erddruck Wärme erzeugt, sind die meisten Harze im Laufe der Jahrmillionen wahrscheinlich verpufft und es ist nicht verwunderlich, dass gerade der Kreidebernstein meist in alpinen Regionen gefunden wird.

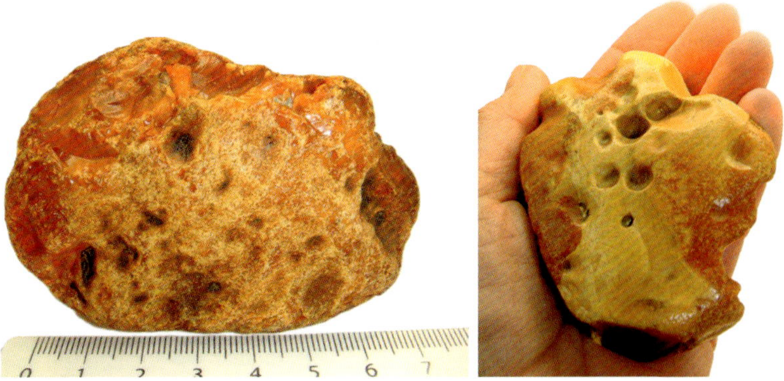

Abb. 16, 17: Kiesgrubenbernstein, Fundort: Berliner Umland, Größe 7 cm

Einige bekannte Bernsteine werden nach ihren Fundorten benannt. Der älteste bekannte Bernstein ist der „Schlierseerit". Schlierseerit stammt aus der Trias und ist bei Schliersee, einem Ort in den bayerischen Alpen, gefunden worden.

Es gibt Mineralien- und Bernsteinsammler, die sich auf sogenannte „Fundstellen" spezialisiert haben und ihre Sammlungen gerne auf kleineren Mineralienbörsen präsentieren. Hier wäre nur als Beispiel der Duxit zu nennen, der aus einem kleinen Dorf namens Dux stammt, das in der heutigen Tschechischen Republik liegt, und im dortigen Braunkohletagebau gefunden wurde.

Das fossile Harz ist circa 20 Millionen Jahre alt (**Abb. 18**).

Die tabellarische Übersicht ab S. 42 kann nur ein Auszug sein und keinen Anspruch auf Vollständigkeit haben, da immer wieder bei Grabungen im Straßenbau und durch Zufälle neue Fundstellen von fossilen Harzen bekannt werden. Überall, wo einst Wälder gestanden haben, lassen sich fossile Harze vermuten.

Abb. 18: Duxit, Bernstein in verkieseltem Holz, Größe 5 cm

Weltweite Bernsteinfundstellen

Dominikanischer Bernstein (Abb. 19, 20), auch Blauer Bernstein genannt, kommt von der Insel Hispaniola, die zur Dominikanischen Republik gehört. Er ist oft sehr klar und kann die seltene, schimmernde, blaue oder grüne Farbe aufweisen, die durch Fluoreszenz entsteht. Er ist circa 28 Millionen Jahre alt und wurde, wie der Baltische Bernstein, von harzenden Bäumen erzeugt.

Heute wird er in kleinen Minen von Hand abgebaut. Im Gegensatz zum Baltischen Bernstein, dessen Jahresproduktion bei 500 bis 700 Tonnen liegt, werden nur circa fünf Tonnen jährlich gewonnen. Es gibt, wie auch beim Baltischen Bernstein, Strandfunde, und zwar in der Dominikanischen Republik an einem als Costambar bezeichneten Küstenabschnitt. Dominikanischer Bernstein wird für schöne Schmuckstücke verwendet und von Sammlern geschätzt.

Abb. 19: Dominikanischer Bernstein, Größe 9 cm

Abb. 20: Dominikanischer Bernstein, Ausschnitt, Größe gesamt circa 5 cm

Abb. 21: Mexikanischer Bernstein, Fundort Chiapas, Größe 3 cm

Auch der mexikanische Bernstein, bei Chiapas gefunden, wird von der Bevölkerung aus selbstgegrabenen Stollen gefördert. Die Fördermenge des Chiapas-Bernsteins wird auf circa 200 Kilogramm pro Jahr geschätzt. Er war den Bewohnern schon zu präkolumbianischer Zeit bekannt und diente vermutlich als Zahlungsmittel. Er wurde, so wie heute auch, zu Schmuck verarbeitet und hat eine tief blau-schwarze Färbung (Abb. 21).

Sumatra-Bernstein.
Von circa 2010 an hat man auf der indonesischen Insel Sumatra Bernstein gefunden.

Dieser wurde wissenschaftlich zertifiziert als echter Bernstein und sein Alter beträgt circa 25 Millionen Jahre.

Der Sumatra-Bernstein wird, ebenso wie der Dominikanische Bernstein, als Blauer Bernstein bezeichnet.

Allerdings hat der Sumatra-Bernstein unter fluoreszierendem Licht, im starkem Sonnenlicht und nach Polierung ein wesentlich stärkeres Blau.

Er wird, wie der Dominikanische Bernstein, in kleinen Minen abgebaut. Schon bald hatte er den Markt erobert, da es viele Interessenten für diesen Blauen Bernstein gab und sich ebenso wie aus dem Dominikaner schöne Schmuckstücke herstellen lassen.

Borneo-Bernstein
Auf Borneo sowie auf Java werden ebenfalls Bernsteine gefunden (Abb. 22).

Die interessantesten Neuentdeckungen im Bernstein findet man allerdings in Birma bzw. im heutigen Myanmar. Immer wieder kann man in der Tagespresse über sensationelle Inklusenfunde lesen (siehe Kapitel „Insekteneinschlüsse im Bernstein“, S. 110).

Birmit wird schon seit mindestens 2.000 Jahren gehandelt und abgebaut. Allerdings ist die Fördermenge gering, enthält aber oft sehr große Stücke, von bis zu 15 Kilogramm jeweils. Vermutlich stammt er aus der Kreidezeit, ist also circa 100 Millionen Jahre alt. Wie schon von dem berühmten Bernsteinforscher Otto Helm gegen Ende des 19. Jahrhunderts untersucht wurde, enthält dieser kaum Bernsteinsäure und unterscheidet sich so chemisch vom Baltischen Bernstein.

Abb. 22: Bernstein aus Borneo, Borneo Bernstein, Größe 6 cm

Art des Bernsteins (Zahl in Klammern Fundstelle auf Karte S. 46/47)	Fundort
Baltischer Bernstein (Succinit)	Nordsee, Ostsee und Anrainerstaaten, vor allem Samland (Bernsteinwald)
Bitterfelder Bernstein (Succinit, Goitzschit, Glessit, Gedanit, Siegburgit Scheibit) (19)	Mitteldeutschland: Lausitz, Bitterfeld, Goitzsche
Jütländischer Bernstein (Succinit) (23)	Dänemark: Jütland
Ukrainischer Bernstein (Succinit, Delatynit) (13, 14, 15, 16)	verschiedene Regionen in der Ukraine (Dnjepr, Lwow, Ivano-Frankove)
Sizilianischer Bernstein (Simetit) (1)	bei Catania (Sizilien)
Bernstein aus den italienischen Dolomiten (3)	bei Cortina d'Ampezzo
Bernstein aus der Schweiz (4)	verschiedene Fundorte

Erdzeitalter (in Klammern Mio. Jahre)	Anmerkungen
Eozän (54–28)	Der Bernstein liegt nicht auf primärer Lagerstätte (teils mehrfach umgelagert). Sedimentschicht „Blaue Erde“.
Eozän (54–28)	Es handelt sich zumindest bei der Lagerstätte Goitzsche möglicherweise um Vorkommen gleicher Genese wie die des Baltischen Bernsteins auf miozäner Lagerstätte. Die Genese ist allerdings umstritten. Ablagerung in einer Tonschicht.
Eozän (54–28)	Es handelt sich um Bernstein gleicher Genese wie die des Baltischen Bernsteins, der möglicherweise (aber wohl nicht ausschließlich) aus Südskandinavien in die Nord- und Ostseegebiete um Dänemark transportiert wurde. Die Bezeichnung Jütländischer Bernstein ist fast nur in Dänemark gebräuchlich.
Eozän (54–28)	Es wird diskutiert, dass es sich – zumindest bei einem Teil der Fundstellen – um Bernsteinvorkommen möglicherweise gleicher Genese wie die des Baltischen Bernsteins auf eozäner, oligozäner bzw. miozäner Lagerstätte handelt.
vermutlich Oberes Miozän (6–5)	Der Bernstein wurde durch den Fluss Simeto aus Zentralsizilien an die Ostküste Siziliens verfrachtet (Strandfunde). Hinsichtlich des Alters schwanken die Angaben erheblich (1 Mio. bis >25 Mio. Jahre).
Obertrias (220)	Der Bernstein enthält zahlreiche Mikroorganismen, diese gehören zu den ältesten Bernsteinfossilien überhaupt.
Paläozän (55) und Keuper (200)	Mindestens acht Bernsteinfundstellen unterschiedlichen Alters, zwischen Genfer See und Bodensee gelegen, sind bekannt. Organische Inklusen liegen nur vereinzelt vor.

Art des Bernsteins (Zahl in Klammern Fundstelle auf Karte S. 46/47)	Fundort
Bernstein aus Österreich (u. a. Rosthornit, Hartit, Köflachit, Jaulingit, Copalin, Golling-Bernstein) (7, 8, 9)	verschiedene Fundorte
Bernstein aus Bayern (Schlierseerit) (18)	am Schliersee (Oberbayern)
Bernstein aus Frankreich (5, 6)	aus dem Pariser Becken und dem Aquati schen Becken (SW-Frankreich)
Bernstein aus Ungarn (11)	Südungarn nahe der Grenze zu Serbien
Bernstein aus Tschechien (Walchowit) (10)	bei Walchov in Mähren
Bernstein aus Rumänien (Rumänit, Schraufit, Muntenit, Telegdit, Almaschit, Moldovit) (12)	mehr als 300 Fundstellen, überwiegend in den östlichen Karpaten

Erdzeitalter in Klammern Mio. Jahre)	Anmerkungen
Trias (230), Unterkreide (120), Eozän (50), Oberes Miozän (8)	Zumeist kleine Mengen fossiler Harze unterschiedlicher Genese von mindestens zwölf Fundstellen, die nicht miteinander im Zusammenhang stehen. Organische Inklusen liegen nur vereinzelt vor.
Obertrias (230)	Kleine Stücke mit eingeschlossenen Mikroorganismen.
Oberkreide (Cenomanium) (85)	Die organischen Inklusen (Insekten) sind teils pyritisiert. Weiterhin zieht sich ein Bernsteinvorkommen der südwestlichen Schweiz bis nach Frankreich, ein weiteres Vorkommen liegt im Norden der Pyrenäen.
Oberkreide (90–80)	Der Bernstein wird auch als „Ajkait“ bezeichnet.
Oberkreide (100)	Das Vorkommen wird auch als ein Bernstein gleicher Genese wie die des Baltischen Bernstein diskutiert. Der Name Walchowit gilt als veraltet.
überwiegend Oligozän (30)	Einzelfunde sind auch aus der Kreide und dem Eozän bekannt. Die Vorkommen auf der Insel Sachalin (Sibirischer Bernstein) werden ebenfalls als Rumänit bezeichnet.

Großbritannien
20: Glastonbury

Dänemark
23: Jütland

Belgien
21: Antwerpen

Deutschland
18: Schliersee
19: Bitterfeld

Polen
17: Danzig

Russland
22: Jantarnyj

Ukraine
13: Lwow
14: Klesow
15: Kiew
16: Donezk

Rumänien
12: Colti

Ungarn
11: Ajka

Tschechien
10: Walchow

Österreich
7: Siegsdorf
8: Schneizelreuth
9: Golling

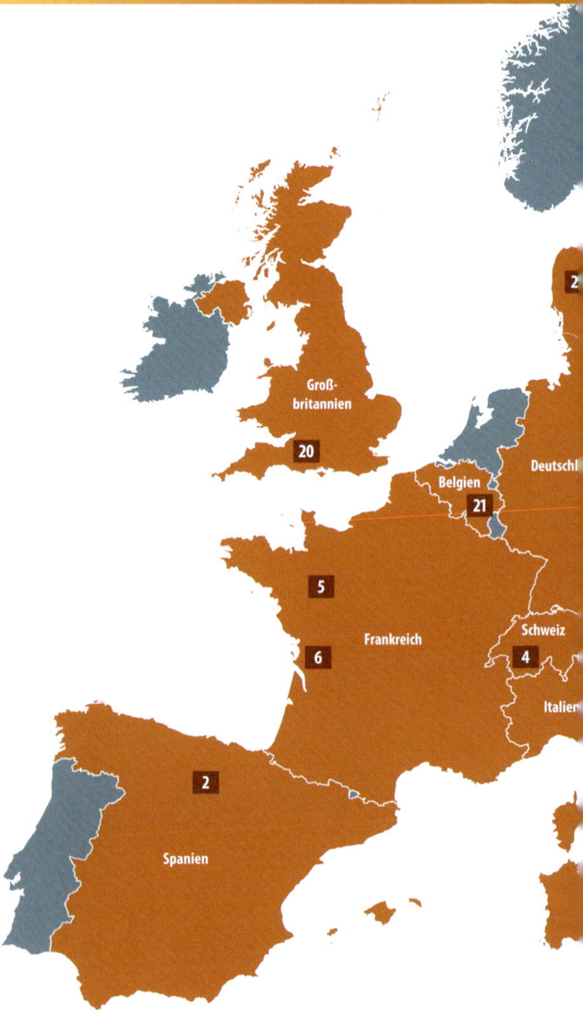

Schweiz
4: Plaffeien

Frankreich
5: Durtel
6: Fouvas

Spanien
2: Alava

Italien
3: Dolomiten
1: Catania / Simoto

22
17
Polen
19
14
15
Ukraine
13
16
Tschechien
10
7
Österreich
8
9
11
Ungarn
Rumänien
12
1

Sammlertour und Sammelhinweise

Fundstellen an Nord- und Ostsee

An der gesamten Nord- und Ostseeküste sowie an den Stränden der Nord- und Ostfriesischen Inseln lohnt es sich, nach Bernstein zu suchen.

Deutschland

In Deutschland ist vor allem im Ostseebereich der neuen Bundesländer viel Bernstein zu finden. Nennenswert sind hier die Region Fischland/Darß, dort insbesondere der Strand von Prerow in Richtung Ahrenshoop, außerdem die Inseln Hiddensee und Rügen sowie Usedom. Auch bei Graal an der Müritz kann man fündig werden.

Weiter in Richtung Westen ist der Strand von Boltenhagen zu erwähnen, ebenso lohnt sich eine Sammlertour in der Lübecker Bucht (Abb. 1) von Timmendorf bis Pelzerhaken sowie bis hinauf zur Insel Fehmarn.

Gegenüber von Fehmarn auf dem Festland sind der Strand von Großenbrode und Heiligenhafen hinunter bis zum Weißenhäuser Strand bernsteinträchtige Gebiete.

Abb. 1: Bernsteinsuchende in der Lübecker Bucht, Neubukow-Salzhaff, auf der Ostseite der Halbinsel Priwall, April 2011.

Abb. 2: Das Watt bei St.-Peter Ording, Juli 2011

Abb. 3: So zeigt sich die Nordsee den Bernsteinsammlern bei Ebbe im Wattenmeer bei der Insel Neuwerk, August 2011. Foto: Rolf Chodura

Im Bereich der Nordsee sind Amrum, Föhr und Pellworm, insbesondere die vorgelagerten Sandbänke, ergiebige Regionen.

Der Strand von St. Peter-Ording (Abb. 2) ist für zahlreiche Bernsteinfunde bekannt, hier empfiehlt sich eine Suche an der großen Sandbank.

Cuxhaven und die Hamburger Insel Neuwerk sind für Bernsteinsucher ein Muss, zumal vor Neuwerk der Elbaushub im Meer verklappt wird, sodass dort auch der Bernstein, der sich in der Elbe abgelagert hatte, wieder an den Strand gelangt (Abb. 3, 4).

Noch weiter westlich, in Richtung der Niederlande, bieten der Strand bei Neuharlingersiel und die Inseln Langeoog und Spiekeroog gute Fundmöglichkeiten.

Die Suche nach Bernstein im Inland gestaltet sich schwieriger, da nach Bernstein gegraben werden muss. So kann im Bereich von Kiesgruben, wo das Erdreich aufgeschlossen ist, Bernstein gefunden werden. Sammler müssen jedoch von den Betreibern eine Genehmigung zum Betreten des Grubenareals einholen. Zu erwähnen sind hier beispielsweise die Kiesgruben bei Velten in der Nähe von Berlin oder diejenigen in der Nähe von Oderberg sowie die Gruben im Ammerland.

Ammer ist ein alter norddeutscher Name für Bernstein. Das Ammerland heißt also Bernsteinland.

Abb. 4: Das Watt bei der Insel Neuwerk, August 2011. Foto: Rolf Chodura

Abb. 5: Der Strand bei Danzig, März 2010

Polen und Dänemark

Bei einem Aufenthalt in Polen bietet sich die Bernsteinsuche am Weichseldelta bei Danzig (Abb. 5) oder auf der Halbinsel Hel an.

Ist Dänemark das Reiseziel, so gilt die Insel Fanø als Geheimtipp sowie die Strände bei Blåvand in der Nähe des Leuchtturmes.

Sammelwetter und Sammlerausrüstung

Am erfolgreichsten sind Sammeltouren an Nord- und Ostsee in der Regel nach Herbst- und Frühjahrsstürmen. Durch die Stürme wird die See aufgewühlt und Bernstein mit Schlick und anderem Treibgut vom Grund des Meeres an den Strand gespült. Bei stürmischem Wetter ist es sinnvoll, sich vor dem Sammeln über die Strömungsverhältnisse und die Windrichtung vor Ort zu informieren, am günstigsten ist in der Regel Nord-Nordostwind. Nur bei auflandigem Wind und einer dem Strand zulaufenden Strömung ist Bernstein zu erwarten. Spätestens nach dem Abflauen des Sturms, meist ist dies in den frühen Morgenstunden der Fall, sollte die Sammeltour beginnen.

Als Ausrüstung werden wetterfeste Kleidung, Gummistiefel und eine Taschenlampe für das Suchen im Morgengrauen benötigt. Beim Sammeln an den Nordseestränden und im Watt sind zusätzlich ein Kompass, ein Handy oder eine Uhr mit Alarmfunktion und ein Kescher zum Herausfischen der Bernsteine aus den Prielen ratsam.

Bernstein suchen und finden

Bernstein hat ungefähr das gleiche spezifische Gewicht wie das schwarz-bräunliche, sogenannte Sprockholz. Daher findet man ihn meistens an der Meeres-Saumkante, wo dieses Holz abgelagert wird. Es lohnt sich auch, den auf dem Strand liegenden Tang zu durchsuchen, denn darin kann sich Bernstein verfangen haben.

Beispielsweise auf Rügen oder Hiddensee gibt es noch die bereits im vorangegangenen Kapitel erwähnten, professionellen Bernsteinfischer. Bei ihnen können Sammler nachfragen, ob sie Schlick- und Tanghaufen, die schon „erarbeitet“ wurden, in zweiter „Lese“ durchsuchen dürfen.

Man sollte keine Scheu haben, sich auch bei Einheimischen zu erkundigen, wo Bernstein zu finden ist. Eine weitere Informationsquelle ist natürlich das Internet, wo schon bei der Urlaubsplanung nachgeschaut werden kann, ob Bernstein in der entsprechenden Region zu finden ist.

Wenn man sich vielleicht zwanzig Mal umsonst gebückt und in Schlick und Tang herumgewühlt hat, ist es eine besondere Freude, endlich einen oder mehrere Bernsteine zu finden. Diese Schatzsuche begeistert selbst noch geübte Sammler. Auch Kinder haben sehr viel Freude daran und sind so gut an die Natur und das Sammeln heranzuführen. Ältere Sammler berichten, dass sie seit früher Kindheit Bernstein suchen und sich noch deutlich an ihren ersten Fund erinnern können.

Kleiner Bericht eines Bernsteinsammlers am Strand von St. Peter-Ording, März 2019

Der weite Strand von St. Peter-Ording ist im Frühjahr fast menschenleer. Nur einige Strandsegler und weitere unverwüstliche Bernsteinsammler bekomme ich am frühen Morgen bei Sonnenaufgang zu Gesicht.

Wetterfest mit Regenjacke sowie Gummistiefeln, einem kleinen Kescher, einem Kompass, einem Handy mit Alarmfunktion und einer Tasche bin ich unterwegs. Ich wende mich nach links, der zweiten Sandbank entgegen.

Zuvor habe ich mich über die Gezeiten informiert, es ist ablaufendes Wasser, ich habe also mehr als 3 Stunden Zeit, bevor die Flut kommt. Hier im Watt ist es wichtig, dass ich nicht die Orientierung verliere und auch bei aufkommendem Nebel noch weiß, wie ich wieder zurückkomme. Eine Orientierung im Nebel ohne Kompass ist zwecklos. Ich folge den Prielen, das sind die kleinen Bäche, in denen das Wasser abläuft und in denen sich auch gerne mal ein Bernstein niederlässt. Hierfür habe ich den Kescher mitgenommen.

Jetzt sind die Priele fast trocken, aber nachher, wenn ich wieder zurückkehre, kann es sein, dass ich knie- bis hüfttief im Wasser stehe, wenn ich diese durchqueren muss.

Überall, wo das Wasser Pfützen hinterlassen hat, und kleine schwarze Holzstückchen liegen, schaue ich nach Bernstein. Von Stecknadelkopfgröße bis Daumennagelgröße finde ich schon einige, bis ich die zweite Sandbank erreicht habe.

Hier liegen an der Saumkante der Sandbank mehrere kleine Bernstein-Bröckchen, sowie zwei etwas größere, circa kinderfaustgroße.

Ich bin begeistert, das Suchen bringt großen Spaß, fast hätte ich die Zeit vergessen!

Mein Handy gibt Alarm, ich muss zurück. Der Rückweg kommt mir länger vor als ich dachte, das Wasser hat schon den einen oder anderen Priel gefüllt und ich muss kleinere Umwege nehmen.

Ich begegne weiteren Sammlern, die auch auf dem Rückzug sind.

*Wieder am Strand freue mich über meine Funde und auch darüber, in Sicherheit zu sein (***Abb. 2***).*

Vorsicht beim Sammeln im Wattenmeer

An der Nordseeküste ist die Bernsteinsuche im Watt (siehe Abb. 3, 4) nicht ungefährlich, da die auflaufende Flut Sammlern schnell den Rückweg abschneiden kann. Es ist daher dringend notwendig, sich über den Gezeitenwechsel zu informieren und Uhr sowie Kompass nicht zu vergessen. Noch besser ist es, mit einem ortskundigen Führer in das Watt

Abb. 6: Bernsteinträchtiges Gebiet. Nordsee, Nordjütland, Dänemark, Oktober 2020.

zu gehen, um nicht in die Flut zu geraten. Auch hat aufkommender Nebel schon so manchen Sammler in Schwierigkeiten gebracht.

Im Bereich des Wattenmeeres sind unbedingt die Naturschutzvorschriften zu beachten und es ist ratsam, sich bei den zuständigen Stadtverwaltungen oder beim BUND (Bund für Umwelt und Naturschutz Deutschland) zu erkundigen, ob die Gegend begangen werden darf.

Gefährliche Fundstellen

Es gibt unter Sammlern bekannte und als Fundstellen genannte Orte, von deren Betreten abzuraten ist, weil dort Lebensgefahr besteht.

Zu diesen Orten gehören die sogenannten Spülfelder der Elbe bei Hamburg, wo ausgespülter Elbschlick gelagert wird. In den Spülfeldern wurde viel Bernstein gefunden, Bernstein zu suchen ist jedoch heute dort verboten. Die Gefahr, im Schlick zu versinken, ist zu groß.

Auch in den um Hamburg gelegenen Kiesgruben, besonders am Schalsee oder bei Stade, wurde Bernstein gefunden. Dieser Bernstein wird „Geschiebebernstein“ oder „Kiesgrubenbernstein“ genannt, da er durch die Eiszeit bis in die Norddeutschen Kiesgruben geschoben wurde. Geschiebebernstein hat einen besonders schönen Gelbton, wird aber selten zum Verkauf angeboten. Das Betreten der Kiesgruben ist aus Sicherheitsgründen mittlerweile verboten (siehe Kapitel „Bernsteinfundstellen“, S. 29).

Bernsteinsammler sollten keine unnötigen Risiken eingehen. Bevor man sich in lebensgefährliche Situationen begibt, weil man keinen Bernstein findet, empfiehlt es sich, einen Bernstein zu kaufen.

Es gibt in Deutschland keine Verbote gegen das Sammeln und Behalten des Bernsteins mehr, das heißt, die Funde müssen nicht bei örtlichen Museen oder Polizeidienststellen abgegeben werden. So ist die Bernsteinsuche denkbar unkompliziert: Einzig etwas Wissen über Bernsteine, Naturbegeisterung sowie Ausdauer beim Suchen genügen für den Sammelerfolg. Dass man die Funde auch behalten kann, ohne dafür bezahlen zu müssen, macht das Sammeln natürlich umso schöner.

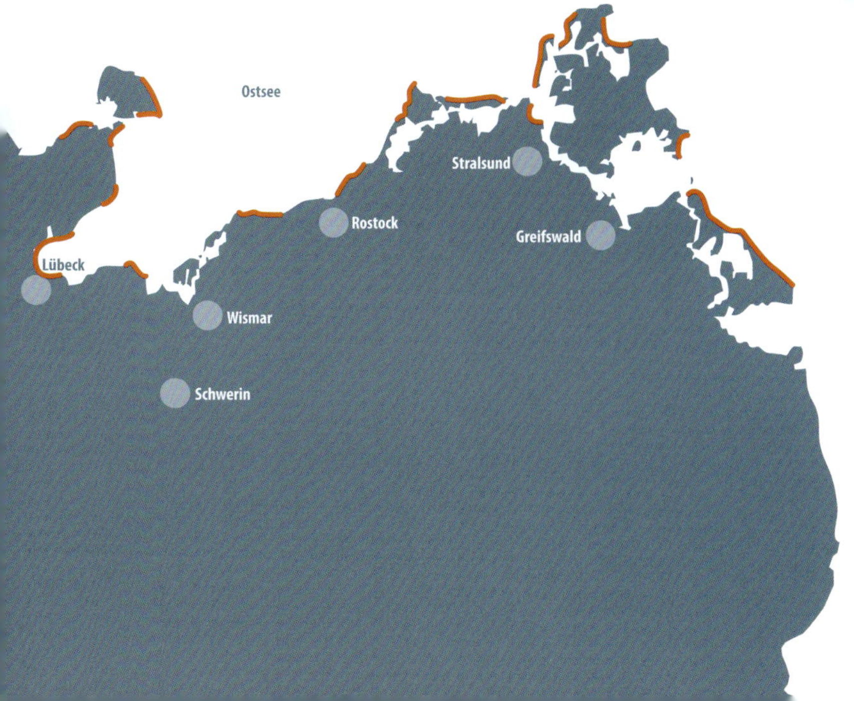

Blick zurück:
Das war vor einigen hundert Jahren noch ganz anders. Mitte des 13. Jahrhunderts hatten Ritter des Deutschen Ordens die baltischen Teile der Ostseeküste besetzt. Sie vergaben die Erlaubnis zum Sammeln des Bernsteins und hatten das Ankaufsrecht und Monopol für den Vertrieb des Bernsteins, der damals einen sehr hohen Wert hatte. Die Bevölkerung wurde sogar verpflichtet, Bernstein zu sammeln oder zu fischen und musste diesen dann in den Klöstern abgeben. Hierzu gab es ein Gesetz, das sogenannte Bernsteinregal (Regal = Gesetz/Recht). Unerlaubtes Sammeln wurde bestraft und auf unerlaubten Bernsteinbesitz standen hohe Geldstrafen, Einkerkerungen und sogar die Todesstrafe. Zur Abschreckung wurden Galgen an den Stränden aufgebaut und zu den Ordensbrüdern gehörige „Bernsteinherren" kontrollierten mit Strandreitern und Kammerknechten die Strandabschnitte.

Private Bernsteinhandwerker und Drechsler durften nicht in den vom Orden kontrollierten Gebieten arbeiten. Damit wollte man „illegalen Handel" verhindern, denn der Bernstein gehörte ausschließlich den Klöstern. Der Orden kam zu Wohlstand und Reichtum, von dem die Bevölkerung nur wenig profitierte. Sie wurde mit Salz entlohnt.

Trotz der harten Strafen wurde viel geschmuggelt. So versteckten Strandbauern den von ihnen gefundenen Bernstein beispielsweise unter Sträuchern vor den Strandreitern und Kammerknechten, um ihn dann später unerlaubt nach Danzig oder in andere Orte zu bringen und zu verkaufen.

Der von den Strandbauern für den Orden aufgesammelte Bernstein wurde nach Königsberg gebracht und von dort aus nach Brügge und Lübeck verschifft. Hier saßen die sogenannten Paternostermacher, Handwerker, die Rosenkränze (Paternoster) herstellten. Dieser Vertriebsweg wurde nach strengen Regeln kontrolliert und reglementiert. Mitte des 16. Jahrhunderts gaben die Ordensritter das Handelsrecht an Danziger Kaufleute ab, schließlich ging das Handelsrecht unter anderem über Kurfürsten in staatliche Hand über.

Das Bernsteinrecht bestand lange weiter, wenn auch in unterschiedlichen Versionen und Auslegungen. Es gab sogar einen sogenannten „Strandeid", der im 18. Jahrhundert eingeführt wurde. Erwachsene Männer (zum Beispiel Fischer) mussten ihn ablegen. Sie erhielten durch Ablegung des Eides die Berechtigung, den Strand überhaupt betreten zu dürfen. Sollten sie Bernstein finden, waren sie verpflichtet, diesen abzugeben. Der Eid verpflichtete sie auch dazu, Personen, die unrechtmäßig Bernstein besaßen, zu denunzieren. Die Denunzianten wurden daraufhin mit Bernstein belohnt. Auf unerlaubten Besitz von Bernstein gab es noch bis circa 1850 drakonische Strafen, erst seit 1945 sind alle rechtlichen Beschränkungen in Dänemark und Deutschland komplett aufgehoben. Die Strände und Strandfunde gehören wieder allen gemeinsam (Abb. 7, 8).

Abb. 7: Das Watt bei St. Peter-Ording, Juli 2011.

Abb. 8: Bernstein am Strand von Palmnicken, Russland, Juli 2010.
Foto: Christel Hoffeins

Wie kann man Bernstein selbst bearbeiten?

Schleifen, Polieren und Bohren von Rohbernstein

War die Bernsteinsuche erfolgreich oder hat man einige Rohbernsteine käuflich erworben, bereitet es besondere Freude, die eigenen Funde zu bearbeiten und ein kleines Schmuckstück, etwa einen Anhänger oder eine freie Form, selbst herzustellen. Möchte man Bernstein kaufen, kann man ihn recht günstig auf Mineralienmessen oder über das Internet bei Firmen, die sich auf den Bernsteinhandel spezialisiert haben, erwerben. Es bietet sich an, Rohbernsteine zu kaufen, und nicht solche, die schon poliert sind und keine Verwitterungskruste mehr haben. Allerdings können letztere natürlich ebenfalls bearbeitet werden, wobei der Prozess des Abschleifens der Kruste entfällt.

Rohbernsteine, Größe jeweils 3–5 cm

Abb. 1, 2: Fotos Little Glow, Nicole Arndt-Stadt

Seit einigen Jahren wird in Deutschland von Museen, Naturkundevereinen und kleinen Betrieben Bernsteinschleifen in Gruppen angeboten. Dieses Angebot erfreut sich allgemeiner Beliebtheit, kann man doch unter Anleitung interessante Schmuckstücke herstellen sowie Kinder an die Natur und an kleine Erfolgserlebnisse, die durch das Schleifen und Bearbeiten entstehen, heranführen. Sehr gerne werden diese Angebote auch von Ostsee- und Nordseeurlaubern wahrgenommen.

Für Erwachsene sowie Kinder ist es eine große Freude, ein eigenes Schmuckstück unter Anleitung herzustellen und beim Bearbeiten eventuell sogar ein Insekt im Bernstein zu entdecken (Abb. 1, 2).

Vorbereitung und Werkzeug:

Zum Bearbeiten des Bernsteins muss zunächst das richtige Werkzeug beschafft sowie für einen stabilen Arbeitsplatz mit fester Auflage gesorgt werden.

Für die drei Arbeitsschritte **Schleifen, Polieren und Bohren** wird je nach Aufwand folgendes Zubehör (Abb. 3, 4, 5) benötigt:

- Nass-Schleifpapier, wahlweise mit Körnung von 80 (sehr grob) bis zu 1000 (sehr fein). Nass-Schleifpapier ist in den meisten Baumärkten erhältlich. Sollte kein Nass-Schleifpapier zu bekommen sein, so genügt auch normales Schleifpapier.
- Zahnpasta oder Schlämmkreide von der Insel Rügen oder aber Polierpaste, die zum Polieren für Autos/Fahrräder benutzt wird (beim Fachhandel zu beziehen).
- Brennspiritus, Wasser
- Leinen- oder Baumwolllappen

Abb. 3: Materialien zum Bernsteinschleifen

Abb. 4: Eine Handbohrmaschine

Abb. 5: Ein „entgrateter“ Bohrer

- Fensterleder (Ledertuch)
- Eine kleine elektrische Handbohrmaschine (beispielsweise der Marken Proxxon oder Dremel und die dazugehörigen Spiralbohrer (1 mm – 2,5 mm). Am geeignetsten sind HSS-Spiralbohrer (beim Baumarkt erhältlich), kleine, manuelle Handbohrer sind nicht geeignet.
- eventuell anstelle eines Bohrers eine dickere Nadel, beispielsweise eine Stopfnadel
- eventuell eine Laubsäge oder eine feine Eisensäge, um eine gewünschte Form vorzusägen
- eventuell eine mittelstarke Laubsäge zum Zerschneiden großer Bernsteinstücke, Laubsägen können im Baumarkt gekauft werden
- Diverse Bänder und Schnüre zum Auffädeln für Ketten oder für Anhänger.

Für das **Rohbernsteinschleifen mit Kindern** empfiehlt es sich, Nass-Schleifpapier der Körnung 80 bis 1.000 und lediglich Zahnpasta und Baumwolllappen zum nachfolgenden Polieren zu verwenden (siehe Abb. 16, S. 68). Das Bohren der Steine sollte nur von Erwachsenen vorgenommen werden. Kleinere Kinder sollte man nicht mit einer Bohrmaschine experimentieren lassen, auch die Bearbeitung des Bernsteins mit einer heißen Nadel ist für Kinder nicht geeignet.

Schleifen und Entfernen der Verwitterungskruste

Bernstein kann ganz einfach von Hand geschliffen werden. Das Schleifpapier mit der Körnung 80 verwendet man, um die eventuell noch vorhandene Verwitterungskruste abzuschleifen und um dem Bernstein die ungefähre Form, die einem vorschwebt, zu geben. Hilfreich ist es, sich vorher eine bestimmte Struktur, etwa eine schlichte Anhängerform, zu überlegen und dazu eine kleine Zeichnung anzufertigen. Anhänger sind meist tropfenförmig, in das schmale obere

Abb. 6, 7: Schleifen eines Rohbernsteins mit Nassschleifpapier

Abb. 8: Erneutes Schleifen mit Nassschleifpapier feinerer Körnung

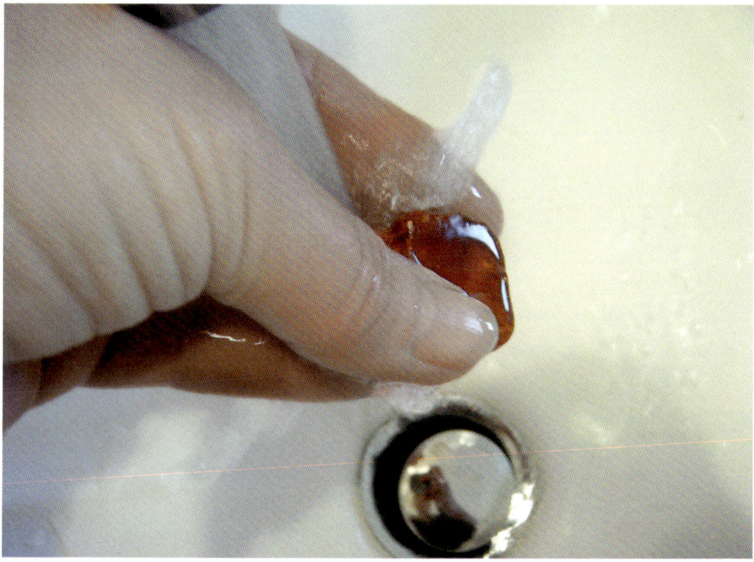

Abb. 9: Abspülen des Bernsteins

Ende kann später ein Loch für ein Band oder Ähnliches gebohrt werden. Das Nass-Schleifpapier legt man auf eine feste Unterlage und benetzt es mit Wasser (wegen des entstehenden Staubes). Mit kreisenden Bewegungen schleift man den Bernstein nun so lange darauf ab, bis eine plane Fläche auf der ersten Seite entstanden ist und alle Unebenheiten entfernt sind. Da die Verwitterungskruste der Bernsteine meist nur ein bis zwei Millimeter stark ist, verliert man dabei in der Regel nicht zu viel an Material. Genauso geht man nun auch mit allen anderen Seiten des Bernsteins vor (Abb. 6, 7, 8), wobei der Bernstein zwischendurch immer wieder abgespült werden sollte (Abb. 9).

Abb. 10: Roher Bernstein, Größe 6 cm (links) und 3 cm (rechts)

Abb. 11: Geschliffener Bernstein, Größe 3 cm (links) und 6 cm (rechts)

Die Kanten des Bernsteins werden abgerundet, indem man ihn in die Hand nimmt und mit dem Schleifpapier über die Kanten fährt.
Danach wäscht man den Bernstein nochmals, damit keine Schleifreste daran kleben bleiben, und wiederholt den gesamten Vorgang mit Nass-Schleifpapier der Körnung 240. Wieder wird der Bernstein gewaschen, anschließend nimmt man Schleifpapier der Körnung 800 und schleift nochmals alle letzten verbliebenen Rillen weg (mit Nass-Schleifpapier können übrigens auch Schmuckstücke oder Bernsteinobjekte, von denen ein Stück abgesprungen ist, bearbeitet werden). Die Oberfläche des Bernsteins ist nun glatt, aber sie glänzt noch nicht. Im trockenen Zustand ist der Bernstein nach dem Schleifen matt und muss noch poliert werden.

Für das anfängliche Erfolgserlebnis ist es vorteilhaft, wenn man einfach eine „freie" Form schleift oder sich nach der natürlichen Form des Bernsteins richtet (**Abb. 10, 11**). In diesem Fall hat man natürlich nicht die Schleifarbeit, die man hätte, wenn man aus einem großen Bernstein ein kleines Kreuz oder eine kleine Kugel herausarbeiten würde.

Alle einfachen Formen, wie Kugel, Olive oder Herz bzw. Kreuz, kann man ohne zusätzliches Werkzeug mit Schleifpapier erarbeiten. Allerdings empfiehlt es sich, vor dem Schleifen die grobe Form mit einer Laubsäge, die ein dünnes Blatt hat, oder mit einer sehr feinen Eisensäge vorzusägen. Es dauert einfach zu lange, diese Formen nur mit Schleifpapier herzustellen (**Abb. 12, 13, 14, 15**).
Für weitere Verarbeitungsformen des Bernsteins wie Schnitzereien und Gravuren bedarf es sehr vieler Erfahrung und eines teuren Equipments, wie beispielsweise einer Diamantsäge.

Um Bernstein zu schleifen, sind einige Zeit und Kraft erforderlich. Um einen normalen, circa vier bis fünf Gramm schweren Rohbernstein abzuschleifen, muss man eine halbe Stunde bis Stunde einkalkulieren, Kinder brauchen natürlich länger. Das Schleifen detailreicherer Formen dauert circa zwei Stunden, es

Abb. 12, 13, 14, 15: Fotos Weites Meer, Kerstin Ebbighausen

kann, je nach Geschick, jedoch auch erheblich mehr Zeit in Anspruch nehmen (Abb. 18, 19, 20, 21, 22, 23).

Schleifen von Bernstein mit Inklusen

Wird in dem Rohbernstein ein Insekt vermutet, sollte mit dem Schleifen sehr vorsichtig begonnen werden. Wenn man den Rohbernstein vor dem Schleifen benässt, auf einen Leuchttisch legt oder ins Licht hält und hin und her wendet, kann man oft schon sehen, ob er ein Insekt enthalten könnte.

Bei der Bearbeitung des Bernsteins wird zunächst mit Schleifpapier ein kleines Fenster in den Bernstein geschliffen. Um ein Fenster zu schleifen, können auch Nagelfeilen verwendet werden. So kann man sehen, wo das Insekt genau liegt und ob es sich überhaupt um ein solches handelt oder eventuell um eine Luftblase. Zwischendurch sollte die Stelle abgespült werden. Der Schliff ist dann so durchzuführen, dass die Beine, Flügel oder der Körper des Insektes nicht beschädigt werden.

Das Polieren des Bernsteins

Zum Polieren des Stücks wird ein Leinen- bzw. Baumwolltuch mit Spiritus angefeuchtet und mit Schlämmkreide bestrichen. Mit dem so präparierten Tuch wird der Bernstein in kreisenden Bewegungen poliert, anschließend unter Wasser abgewaschen und zum Schluss mit einem Fensterleder nachpoliert. Auch Polierpaste, die Autolackierer zum Entfernen von „Sprühnebel“ beim Lackieren verwenden, ist geeignet.

Abb. 16: Polieren des Bernsteins mit Zahnpasta

Immer ideal ist Zahnpasta, die auf jeden Fall beim Schleifen mit Kindern verwendet werden sollte (**Abb. 16**). Auch die Zahnpasta wird auf ein Baumwolltuch gegeben und der Bernstein damit gerieben, bis er schön glänzt. Setzen sich Reste in Rillen ab, ist es günstiger, mit klarer Zahnpasta zu arbeiten.

Beim Polieren zeigt sich, wie gut vorgearbeitet wurde. Jede vergessene Rille oder Unebenheit wird jetzt sichtbar. Wen dies stört, der nehme nochmals das 800er Schleifpapier und bearbeite die unebenen Stellen.

Aus dem eher unscheinbar wirkenden Bernstein ist nun ein persönlich bearbeiteter, wunderschön glänzender Stein geworden (**Abb. 17**), der im Sonnenlicht leuchtet!

Abb. 17: Fertiger polierter Bernstein

Abb. 18–23: Von Hand geschliffene Bernsteinobjekte

Sie haben ein Erbstück?
Auch durch Tragen und lange Lagerung matt gewordene Ketten können Sie, am besten mit Zahnpasta und Baumwolltuch, nachpolieren, so erhalten diese wieder ihren ursprünglichen Glanz zurück. Ist die Kette sehr verstaubt, so kann man sie mit ein wenig Spülmittel und warmem Wasser reinigen. Keine Sorge, dass schadet dem Bernsteinschmuck nicht. Allerdings sollten Sie keine scharfen Reinigungsmittel verwenden, sondern nur Spülmittel und einfache Zahnpasta. Das Wasser darf nicht heiß sein, sonst verfärbt sich der Bernstein.

Abb. 24

Abb. 25

Bohren der Bernsteine

Zunächst sollte man nach Möglichkeit kleinere Bernsteine bearbeiten, damit man ein Gefühl für das Bohren bekommt. Auch bei größter Vorsicht kann ein Bernstein springen. Dies liegt zum einen an der natürlichen Beschaffenheit der Bernsteine, zum anderen an der Wahl des Punktes, wo das Loch gebohrt wird.

Je weiter man am Rand bohrt, desto größer ist die Gefahr, dass das Stück springt. Zudem darf man nicht an Schlaubengrenzen stoßen, wo der Bernstein übereinander gelaufen ist, denn hier kann er am ehesten springen. Gebohrt werden sollte nur an kompakten Stellen.

Die technisch einfachste, aber auch langwierigste Möglichkeit ist es, den Bernstein mit einer **heißen Nadel** zu bohren. Für den Anfang ist dies jedoch eine gute Methode, da man sich dazu keine Bohrmaschine zulegen muss.
Die Nadelspitze wird erhitzt und anschließend wird langsam ein Loch in den Bernstein gebohrt, der durch die Hitze der Nadel schmilzt. Das Ende der Nadel sollte abgeklebt oder umwickelt werden, da es ebenfalls heiß wird. Diese Methode ist etwas mühselig und nimmt längere Zeit in Anspruch (Abb. 26, 27).

Bei der **Verwendung einer Bohrmaschine** (Proxxon oder Dremel) ist ein HSS-Stahlbohrer (Ø 1 mm bis 2,5 mm) einzusetzen. Dabei ist zu berücksichtigen, wie dick das Band ist, das durch den Bernstein gezogen werden soll. Für eine einfache, auf Nylonband oder Stahldraht gezogene Kette genügen Löcher von einem Millimeter Durchmesser. Für ein Lederband sind Bohrer mit einer Stärke bis zu 2,5 Millimetern angemessen.

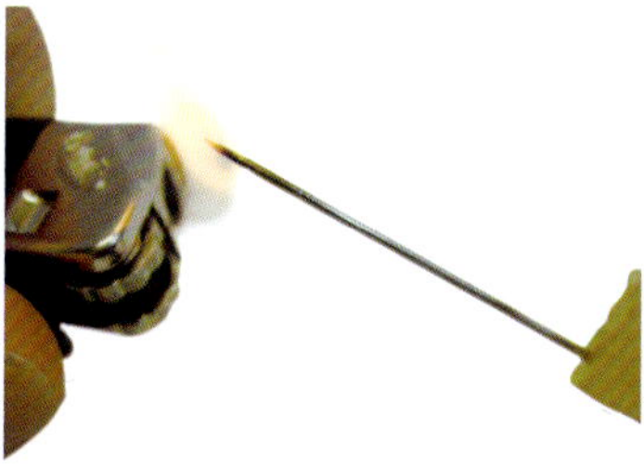

Abb. 26: Erhitzen einer dicken Nadel

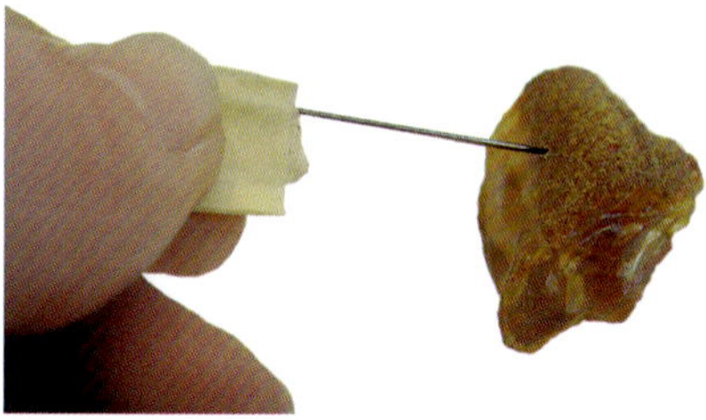

Abb. 27: Bohren mit einer erhitzten Nadel durch einen Bernstein.

Abb. 28: Durchbohrte Rohbernsteine

Abb. 29: Dieser Rohbernstein ist jetzt ein einfacher Anhänger mit Lederband.

Der Bohrer sollte entgratet sein, also wie ein angespitzter Bleistift aussehen. Das Entgraten bzw. Zuschleifen des Bohrers wird an einer Diamantschleifscheibe durchgeführt. Verwendet man keine entgrateten Bohrer, ist die Bruchgefahr größer, denn beim Bohren drückt das Bernsteinmehl gegen den Bohrkanal und durch diesen Druck zerbricht der Bernstein schneller. Bohrt man mit einem entgrateten Bohrer, kann das Bernsteinmehl entweichen, der Druck ist geringer und die Bruchgefahr ist minimal (Abb. 28). Auch ein Hohlbohrer kann eingesetzt werden, wobei die Bohrgeschwindigkeit nebensächlich ist.

Zu beachten ist, dass der Bernstein immer zum Bohrer hingeführt werden muss und nicht umgekehrt. Es darf keine zu große Hitze entstehen, damit das Stück nicht platzt. Ein kurzer Bohrweg ist leichter durchführbar als ein langer; der Bohrer sollte mehrmals abgesetzt werden, damit der Bernstein zwischendurch etwas abkühlen kann (Abb. 29).

Abb. 30: Fertiger Bernstein am Lederband. Foto: Das Blaue Klassenzimmer, Frauke Kruggel

Anleitungen für einzelne Schmuckstücke

Anhänger mit Stiftöse
(Abb. 31–35)

Material:
- Bernsteinstück, roh
- Schleifpapier Körnung 80, 240, 800
- Baumwolllappen, Zahnpasta
- Handbohrmaschine mit Bohrer, Ø 1 mm
- Stiftösen (vom Kreativmarkt mit Bastel- und Künstlermaterial)
- Zweikomponentenkleber: Uhu 3000 (vom Baumarkt)

Abb. 31: Ein polierter Bernstein, als Anhänger zu verwenden.

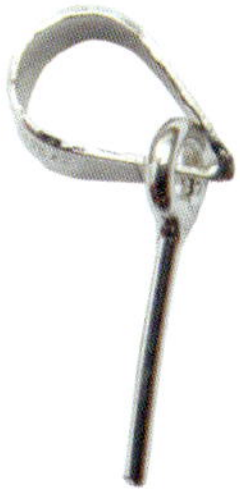

Abb. 32: Eine Stiftöse, hier aus Silber, für den Anhänger.

Abb. 33: Proxxon-Handbohrer mit HSS-Stahlbohrer, Ø 1mm

Abb. 34: Die Stiftöse wird eingeklebt und eventuell gekürzt.

Abb. 35: Fertiger Anhänger mit Öse

Aus einem Rohbernstein wird eine Skulptur

Größe des Bernsteins: ca. 15 cm.

1

2

3

4

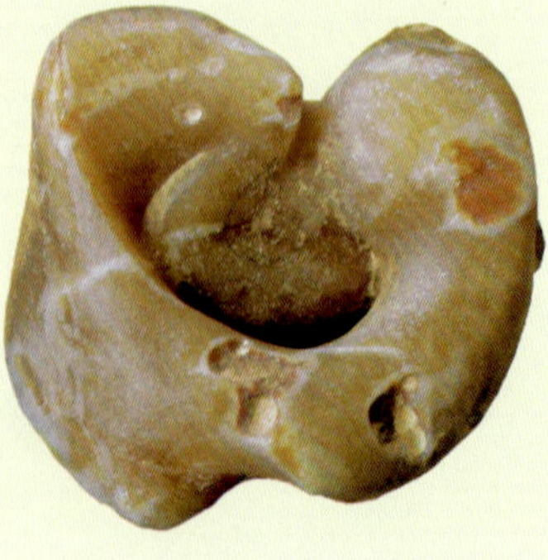

5

6

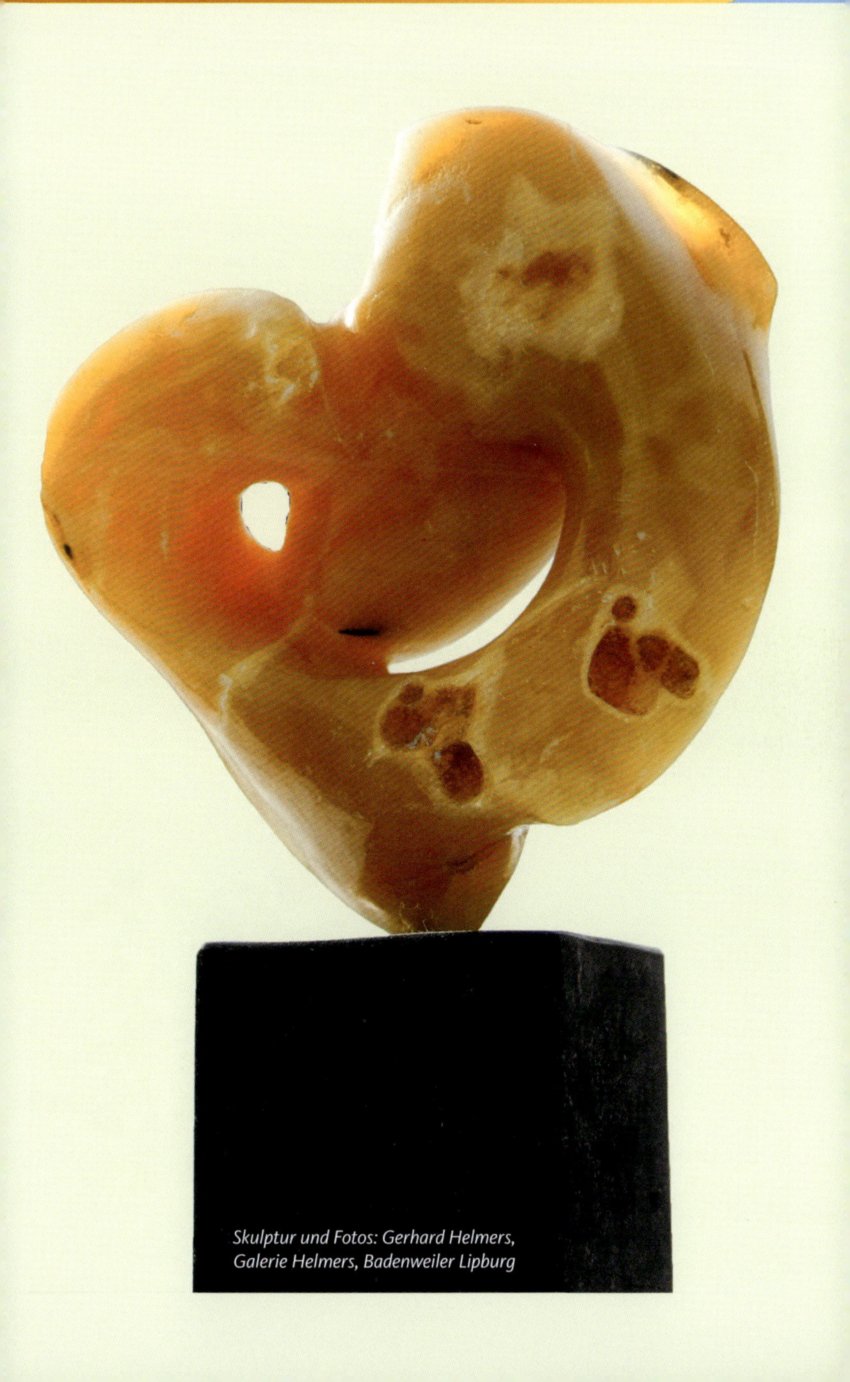

Skulptur und Fotos: Gerhard Helmers, Galerie Helmers, Badenweiler Lipburg

Zuerst wird das Loch für die Stiftöse gebohrt, um zu vermeiden, dass die weitere Arbeit am Bernstein durch ein eventuelles Splittern des Stücks beim späteren Bohren umsonst war. Hierzu ist ein entgrateter Bohrer für Löcher von 1 Millimeter Durchmesser zu verwenden. Eine kleine elektrische Handbohrmaschine (aus dem Baumarkt, für den Modellbau) kann die besten Dienste leisten, da sie einfach zu handhaben ist und relativ wenig kostet. Es kann auch eine normale Bohrmaschine eingesetzt werden, wenn die Möglichkeit besteht, diese in einer Werkbank bzw. Standhalterung zu fixieren; für das Freihandbohren sind normale Bohrmaschinen zu schwer. Für die Anbringung der Stiftöse ist an der Spitze des Steines ein circa vier bis fünf Millimeter tiefes Loch zu bohren. Wenn das Loch nicht tief genug geht, können mit einem Seitenschneider einfach ein oder zwei Millimeter von dem Ösenstift abgekniffen werden.

Mit grobem Schleifpapier (Körnung 80 oder gröber) wird der Bernstein, wie oben beschrieben, in eine beispielsweise tropfenförmige Form geschliffen.

Der Bernstein wird schließlich mit feinerem Schleifpapier bearbeitet, bis er matt aussieht und keine Rillen mehr aufweist. Mit ein wenig Zahnpasta auf einem Baumwolllappen wird der Bernstein dann poliert.

Anschließend wird für das Anbringen der Stiftöse der Zweikomponentenkleber angerührt. Es ist ausreichend, einen kleinen Tropfen an die Spitze des Stiftes zu geben, da der Kleber sich beim Einstecken der Öse im Bohrloch von selbst verteilt. Damit die Öse nicht wieder aus dem Loch rutscht, wird der Anhänger zum Trocknen aufrecht gestellt.

Armband

(Abb. 36–40)

Material:

- circa 40 kleine, rohe Bernsteinstücke, 1 bis 2 cm groß
- Schleifpapier Körnung 80, 240, 800
- Baumwolllappen, Zahnpasta
- Handbohrmaschine mit Bohrer, Ø 1,5 mm und 2 mm
- Silikonband in 1 mm Stärke (Kreativmarkt)

Abb. 36: Rohbernsteine mit einer Bohrung von 1,5 mm Durchmesser für ein Armband.

Abb. 37: Polierte Bernsteine für ein Armband

Abb. 38: Aufziehen der Bernsteine auf „Magic jewelry cord“ (Silikonband).

Abb. 39: Größerer Bernstein mit einer Bohrung von 2 mm Durchmesser für den Knoten.

Abb. 40: Fertiges Armband

Zuerst werden die circa 40 Bernsteine mittig mit dem Bohrer von 1,5 Millimetern Durchmesser durchbohrt. Einer der Steine muss mit dem 2 Millimeter starken Bohrer durchbohrt werden, nämlich der, in dem nachher der Knoten des Armbandes „verschwindet“.

Nachdem die Steine durchbohrt wurden, werden sie, wie schon vorher beschrieben, geschliffen und poliert. Natürlich kann das Armband auch schon aus den Rohbernsteinen hergestellt werden.

Anschließend werden die Steine der Reihe nach auf das 1 Millimeter starke Silikonband aufgefädelt, dabei ist der größer gebohrte Stein als letzter zu verwenden. Schließlich wird das Band straffgezogen, zusammengeknotet und die Enden des Knotens so gekürzt, dass dieser im größeren Loch verschwindet.

Kette

Anfertigen einer klassischen, circa 70 cm langen Bernsteinkette

Material:

- circa 200 Bernsteinstücke, 0,5 bis 2 cm groß
- Schleifpapier Körnung 80, 240, 800
- Baumwolllappen, Zahnpasta
- Handbohrmaschine mit Bohrer, Ø 1 mm und 1,5 mm
- Faden und Nadel: z. B. Zwirn oder fertiges Garn mit Nadel
- Für den Verschluss, wenn gewünscht: Endkappen, Federringe und Karabinerhaken, oder Drehverschluss aus Kunststoff (vom Kreativmarkt, Bastelbedarf, Schmuckbedarf-Fachhandel).

Abb. 41: Material für eine Bernsteinkette

Die Steine werden gebohrt, geschliffen und poliert wie vorher beschrieben. Wenn sie mit einer Nadel und Zwirn oder Seidengarn aufgefädelt werden sollen, ist zu bedenken, dass die Bohrung der Steine ausreichend groß sein muss, damit der doppelte Faden und die Nadel durch das Loch passen.

Am schönsten sieht die Kette aus, wenn die Steine nach ihrer Größe sortiert werden, kleinere am Anfang und am Ende, größere mittig, sodass die Kette einen sogenannten „Verlauf" nimmt. Falls eine lange Kette mit weniger Steinen anfertigt werden soll, können diese auch einzeln verknotet werden. Um den Knoten nahe an den Stein zu führen, muss man einen Knoten schlagen, mit einer Pinzette durch die Schlaufe an den Stein fassen und den Knoten an der Pinzette zum Stein hin zuziehen. Vorher ist zu überlegen, ob ein dickeres Band verwendet werden soll; dementsprechend muss auch gebohrt werden (Abb. 41–45).

Bei einer 70 Zentimeter langen Kette ist eigentlich kein Verschluss notwendig, es reicht, die Enden zusammenzuknoten und den Knoten in einem etwas größer gebohrten Stein verschwinden zu lassen. Wird dennoch ein Verschluss gewünscht oder benötigt, gibt es zum Beispiel die Möglichkeit, mit Kunststoffdrehverschlüssen zu arbeiten, die es auch in Bernsteinfarben gibt.

Bei der Verwendung eines solchen Verschlusses sollte man den Faden vor dem Auffädeln der Steine in der einen Seite des Verschlusses verknoten. An der anderen Seite wird der Faden durch den Verschluss gezogen und wieder zurück-

Abb. 42: Die Bernsteine werden aufgezogen.

Abb. 43: Der Bernstein wird mithilfe einer Pinzette einzeln verknotet.

Abb. 44: „Verknoteter" Bernstein

Abb. 45: Reihe „verknoteter" Bernsteine

geführt, sodass eine Schlaufe entsteht, in der ein weiterer dünnerer Faden eingeknotet wird. Anschließend muss die Schlaufe mit dem eingeknoteten Faden in den Verschluss gezogen und das überstehende Ende abgeschnitten werden. Dies macht man auf beiden Seiten des Verschlusses, um ein Herausrutschen des Fadens zu verhindern. Nun klebt man in die eine Hälfte des Verschlusses die „Seele" hinein. Der Kunststoffdrehverschluss mit Kette ist fertig (Abb. 46–52).

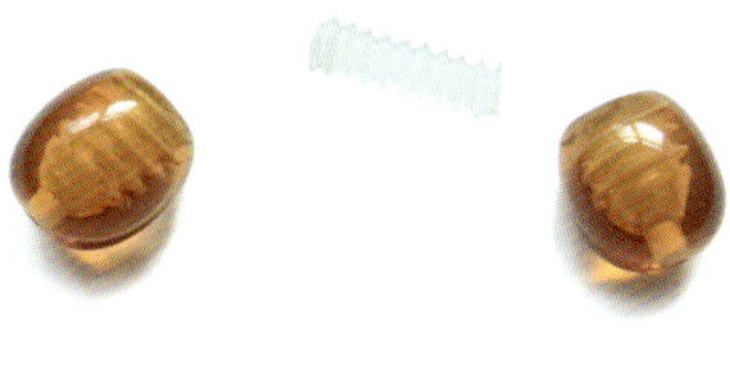

Abb. 46: Kunststoffdrehverschluss mit sogenannter „Seele"

Abb. 47: Der Faden wird durch den Verschluss geführt und eine Schlaufe gebildet.

Abb. 48: In die Schlaufe wird ein zweiter Faden eingeknotet.

Abb. 49: Die Enden des eingeknoteten Fadens werden gekürzt.

Abb. 50: Die Schlaufe wird eingezogen und der Faden am Verschluss gekürzt.

Abb. 51: Fertiger Verschluss

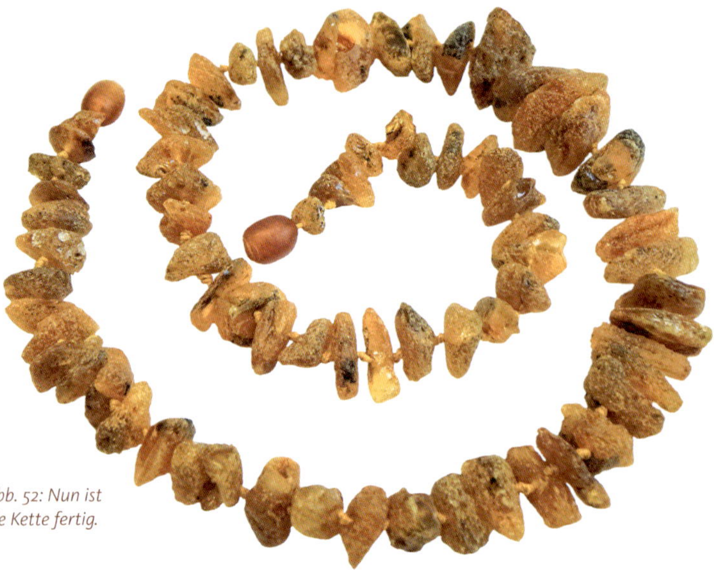

Abb. 52: Nun ist die Kette fertig.

Dreireihiges Collier
(Abb. 53–57)

Material:
» circa 30 bis 40 kleine Bernsteine, bis 0,5 cm
» Schleifpapier der Körnung 80, 240, 800
» Baumwolllappen, Zahnpasta
» Handbohrmaschine mit Bohrer, Ø 1 mm
» Stahldraht, PVC-ummantelt, Stärke 0,7 mm (aus dem Kreativmarkt, Bastelbedarf, Schmuckbedarf-Fachhandel)
» Quetschösen, Ouetschösenzange (Kreativmarkt, Bastelbedarf)
» Endkappen, Spaltringe, Karabinerhaken (Kreativmarkt, Bastelbedarf)

Abb. 53: Material für ein Collier mit kleinen Bernsteinen

Abb. 54: Quetschösen und Bernsteine, nacheinander auf Stahldraht

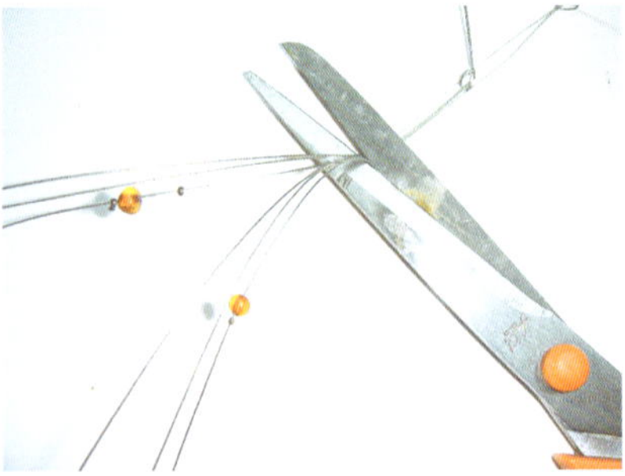

Abb. 55: Kürzen der Drähte auf passende Längen für die Endkappen.

Abb. 56: So sieht der Verschluss dann aus; die Drähte sind in Endkappen versteckt.

Man arbeitet mit 0,7 mm starkem, PVC-ummanteltem Stahldraht, da dieser nicht anläuft und in vielen verschiedenen Farben erhältlich ist.

Drei verschieden lange Stücke Stahldraht werden zugeschnitten, dann werden immer eine Quetschöse, ein Bernstein und wieder eine Quetschöse auf die Drähte gezogen, um danach die Steine einzeln und in verschiedenen Abständen mithilfe der Quetschösenzange zu fixieren.

Anschließend wird der kürzeste Draht nach innen genommen, die beiden längeren nach außen. Die drei Drähte werden durch das Loch der Endkappe geführt, zusammengequetscht und der Draht so gekürzt, dass der Rest beim Umbiegen der Endkappe in dieser versteckt wird. Schließlich ist noch der Verschluss mit Spaltringen anzubringen und ein hübsches Collier ist fertiggestellt.

Abb. 57: Ein fertiges Collier

Bernstein in der Heilkunde von gestern bis heute

Schon seit vielen Jahrhunderten glauben Menschen an die Wirksamkeit und Kraft des Bernsteins – und halten ihn für einen ganz besonderen „Stein“. Seine Farben leuchten in vielen Schattierungen. Jeder Bernstein ist einzigartig und erzählt eine kleine Geschichte. Schaut man in einen großen, klaren Bernstein, meint man, einen Blick in die Vergangenheit zu werfen. Hält man einen Bernstein in der Hand, nimmt er die Körperwärme auf und er fühlt sich gut an.

Seit Jahrhunderten wird Bernstein eine Heilwirkung nachgesagt, sei es in pulverisierter Form, als Bernsteinöl, als Rohbernstein oder polierter Bernstein. Auch die heutigen Einsatzmöglichkeiten des Bernsteins sind vielfältig – von A wie Asthma bis Z wie Zahnschmerzen.

Eine kleine „Geschichte der Heilkunde“

Bernstein wurde schon von dem Römer Plinius dem Älteren (23 bis 7 n. Chr.) in der von ihm verfassten „Historia Naturalis“ nachgewiesen als Heilmittel erwähnt. Plinius schrieb unter anderem, Bernstein am Hals getragen helfe gegen Wahnsinn (die Verrückung der Sinne) und gegen Hals- und Mandelbeschwerden, zerrieben und mit Rosenöl getrunken gegen Harnbeschwerden, Magenbeschwerden sowie Augenleiden (nach der Übers. von Denso 1764, 37. Buch, 3. Kapitel, S. 830/831).

Im Mittelalter und in mittelalterlichen Apotheken zählte Bernstein zu den wichtigsten dokumentierten Medikamenten (wie succinum, castoreum, camphora, tartarum, aurum).

Er wurde vornehmlich als Heilmittel gegen Nierensteine, Epilepsie und Pest eingesetzt. Die Heilige Hildegard von Bingen (1098 bis 1179), die die Kraft der Steine als Heilsteine erkannte und erstmals ihre Verwendung für die Medizin beschrieb, erwähnt in ihrem Werk „Physika, Patrologia Latina“ Bernstein als Heilmittel gegen Magenschmerzen und Blasenbeschwerden. Der bekannte Arzt, Apotheker und Naturforscher Georgius Agricola (1494–1555) empfahl 1546 in seiner „Schrift zur Mineralogie“ Häuser, in denen die Pest wütete, mit Bernstein auszuräuchern. Man glaubte auch, dass Häuser, in denen Bernsteindrechsler und Handwerker arbeiteten, nicht von der Pest befallen wurden. Die antibakterielle Wirkung des Bernsteins entfaltete sich wahrscheinlich durch den dauerhaften Umgang der Handwerker mit dem Bernstein und durch das Einatmen seines Staubs.

In Deutschland verwendete man gerne den weißen, sogenannten Knochenbernstein (Abb. 1) für Arzneien und Tinkturen, die man vielfältig herstellte, galt doch der weiße Bernstein als besonders heilkräftig. Generell wurde Bernstein

Abb. 1: Weißer Bernstein oder auch Knochenbernstein

als Allheilmittel für jegliche Leiden angesehen. Ab dem 12. Jahrhundert durfte der weiße Bernstein nicht verkauft werden, sondern musste an Krankenhäuser und Apotheken sowie Klöster abgegeben werden. Privates Sammeln und Verkaufen von Bernstein aller Farben war zu dieser Zeit allerdings ohnehin verboten (siehe Kapitel „Sammlertour und Sammelhinweise", S. 48).

Inhaltsstoffe des Bernsteins, Bernsteinsäure

Mittels Trockendestillation wurde 1546 von dem bereits erwähnten Arzt Georgius Agricola Bernsteinsäure entdeckt. Die im Bernstein enthaltene Säure ist die am längsten bekannte organische Säure. Bei der Trockendestillation wurde und wird Bernstein in Destilliergefäßen unter Luftabschluss, also in einem Vakuum, erhitzt und damit in seine Bestandteile getrennt. Bernstein zerfällt in Bernsteinsäure (und ihre Salze), Bernsteinöl und Harz (Kolophonium). Die Säurenatur wurde 1675 durch Nicolas Lémery festgestellt. Jöns Jacob Berzelius klärte schließlich ihre Zusammensetzung und chemische Formel auf: C4H6O4 (farb- und geruchsneutraler kristalliner Feststoff).

Der Mediziner Samuel Hahnemann beschrieb in seinem 1793 erschienenen Apothekerlexikon Säure, Öl und Salze des Bernsteins. Robert Koch untersuchte 1886 ihre Wirkung auf den menschlichen Organismus.

Die Bernsteinsäure und ihre Salze fanden bis in die 1930er-Jahre eine breite Anwendung in der Medizin. In allen Apotheken gab es mit Bernsteinsäure und Salzen versetzte Wässerchen, Pülverchen und Tinkturen gegen viele Leiden.

Der damals bekannte Danziger Bernsteinforscher Otto Helm stellte im Verfahren der Trockendestillation gegen Ende des 19. Jahrhunderts fest, dass Baltischer Bernstein drei bis acht Prozent Bernsteinsäure enthält. Bernsteinsäure kommt in der Natur auch in vielen heute lebenden Pflanzen vor. Pflanzenteile, die den höchsten Säuregehalt haben, z. B. Rhabarberstiele oder unreife Stachelbeeren, enthalten jedoch tausendmal weniger Bernsteinsäure als die durch Trockendestillation gewonnene Säure des Baltischen Bernsteins.

Wirkung und Anwendung beim Menschen

1886 wurde Bernsteinsäure durch den Bakteriologen Robert Koch analysiert. In verschiedenen Versuchen fand er heraus, dass sie sich positiv auf den menschlichen Organismus auswirkt. Sie soll die Verlangsamung von Kalium-Ionen bewirken und als Antioxidantium dienen. Damit soll das Altern menschlicher Zellen verlangsamt werden (Es soll auch patentierte Medikamente geben, die diese Wirkung entfalten; diese sind allerdings nicht in Deutschland, sondern in den USA und Russland zugelassen). Robert Koch analysierte auch die antibakterielle Wirkung der Bernsteinsäure.

Bernsteinsäure löst sich in warmem Wasser auf und kann als Nahrungsergänzungsmittel eingenommen werden. Succinate (Salze der Bernsteinsäure) unterstützen die Entwicklung und die Bewegungsfunktionen des menschlichen Organismus und werden für medizinische/homöopathische Zwecke genutzt. Nach schweren Verletzungen und langen Krankheiten helfen sie den Patienten,

Ganz Aktuell

Im April 2021 wurde von einem Forschungsteam der University of Minnesota eine Studie veröffentlicht, in der die Forscher herausgefunden haben, dass bestimmte chemische Verbindungen im Baltischen Bernstein gegen sogenannte gramprositive

Bakterien wirken. Diese Bakterienstämme sind weltweit zunehmend antibiotikaresistent. Somit könnten unter „Mithilfe“ des Baltischen Bernsteins Medikamente entwickelt werden, die gegen antibiotikaresistente Infektionen helfen könnten.

(American Chemical Society)

ihre Konzentrationsfähigkeit wiederzuerlangen sowie sich allgemein zu immunisieren und zu stabilisieren. Wie auch schon Robert Koch herausfand, schadet selbst eine Überdosis dem menschlichen Organismus nicht.

Bernsteinsäure wird von den Russen als **Mittel gegen Alkoholismus** eingesetzt. Sie verringert das Verlangen nach Alkohol. Auch gegen den „Kater" hilft Bernsteinsäure. Tabletten mit 0,1 Prozent. Bernsteinsäure sollen sofort den Kater beseitigen, selbst nach exzessivem Alkoholmissbrauch, und innerhalb kürzester Zeit wieder arbeitsfähig machen. In Deutschland werden diese Tabletten nicht vertrieben.

Wirkung auf Pflanzen

In Wasser gelöste Bernsteinsäure bewirkt bei Anwendung auf Gemüse und anderen Pflanzen bis zu 40 Prozent größeres Wachstum. Außerdem werden die Pflanzen resistent gegen Bakterien und Pilze.

Besonders für die sowjetische Landwirtschaft wurden die wachstumsfördernde Kraft sowie die antibakterielle Wirkung der Säure genutzt. Man hat damals Felder mit Bernsteinsäure gedüngt, um so das Pflanzenwachstum zu steigern und höhere Ernten zu erhalten. Das Bernsteinkombinat Jantarnyj stellte bis zum Beginn der 1990er-Jahre Bernsteinsäure her. Die Produktion der Säure wurde mit Schließung des Kombinats und Wiedereröffnung unter privater Leitung aus Produktionskostengründen eingestellt. Aus medizinischem Interesse und für die Herstellung von Salben und Ölen wird im Osten übrigens noch ein kleiner Teil Bernsteinsäure aus Baltischem Bernstein von privater Hand und in kleineren Firmen produziert.

Verwendung in der Lebensmittelindustrie

Synthetisch hergestellte Bernsteinsäure wird in der Lebensmittelindustrie verwendet. Sie hat die Bezeichnung E363. Für Lebensmittel wird sie als Säure-Regulator und Geschmacksverstärker in verschiedenen technischen und biochemischen Verfahren hergestellt und eingesetzt. Sie hat keinerlei Nebenwirkungen auf den menschlichen Organismus und kann unbedenklich konsumiert werden.

Bernsteinöl und Bernsteinharze

Dem Bernsteinöl, das bei der Trennung (bzw. Destillation) ebenfalls entsteht, wurden schon im 16. Jahrhundert viele heilende Eigenschaften zugeschrieben. Besonders begehrt war das Öl aus weißen Bernsteinen, da es als das Beste galt. Die beim Trennungsprozess ebenfalls entstehenden Harze wurden für Imprägnierungszwecke, z. B. für Streichinstrumente und als Bindemittel für Lacke, genutzt.

Bernstein in der Kosmetik

In den letzten Jahren wurde die Heilkraft des Bernsteins wieder verstärkt wahrgenommen und eingesetzt.

Im kosmetischen Bereich werden verwendet:

Diverse Cremes und Salben (Abb. 2) mit dem Zusatz von Bernsteinmehl und eventuell Bernsteinöl, die der Haut Spannkraft geben und den Hautalterungsprozess verzögern sollen. Zudem wird die Durchblutung der Haut verbessert. Bernsteinmehl entsteht übrigens durch Zermahlen eines Bernsteins und beim Bohren der Bernsteine.

Abb. 2: Bernsteinsalbe
Foto Christine Moosbauer, Bernsteinmuseum Bad Füssing

Massageöle auf der Grundlage von beispielsweise Jojoba- oder Mandel-Öl mit Zugabe von Bernsteinöl. Diese Öle sind insbesondere für großflächige Anwendungen geeignet.

Reines Bernsteinöl wird nicht nur gegen Insektenstiche oder Rheuma verwendet, sondern dient auch der Zellerneuerung und Revitalisierung der Haut. Allerdings hat es einen sehr starken harzigen, teerigen Geruch, der lange anhält und nicht von jedem gerne gerochen wird. Trotz des Geruchs wird im Bereich der heutigen Heilkunde Bernsteinöl auch pur verwendet, um z. B. durch regelmäßige Anwendungen leichte Verbrennungen, kleine Verletzungen, Rheuma und Muskelschmerzen sowie insbesondere Hautkrankheiten zu lindern. Hier gilt Bernsteinöl unter Neurodermitis- und Psoriasis-Befallenen als Geheimtipp, entspannt es doch die befallene Haut, wirkt juckreizmildernd und zellerneuernd. Bei dauerhafter Anwendung soll eine deutliche Reduzierung von Hautkrankheiten aller Art zu bemerken sein. Aber auch bei den Folgen von Insektenstichen hilft Bernsteinöl und beseitigt den Juckreiz, bei Sonnenbrand ist Bernsteinöl ebenfalls einsetzbar (Abb. 3).

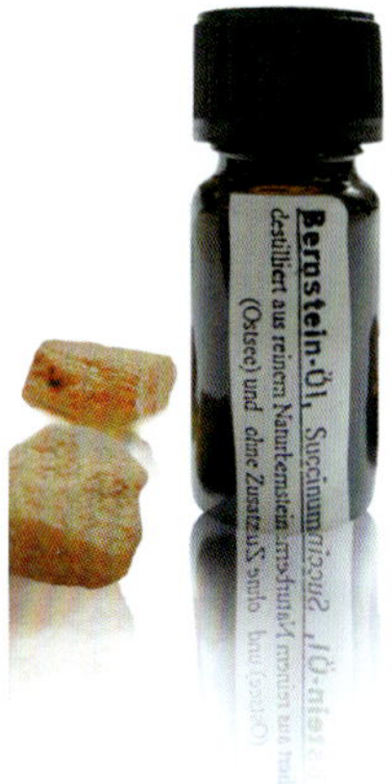

Abb. 3: Bernsteinöl, im Fachhandel erhältlich

Bernsteinseife: Auf Basis reiner Pflanzenöle und ohne chemische Zusatzstoffe wirkt sie unter Zugabe von Bernsteinmehl hautentspannend und juckreizmildernd. Bei längerem Gebrauch können leichte Pigmentstörungen und Verfärbungen der Haut verschwinden. Sie soll ebenso wie das Bernsteinöl bei Hautkrankheiten mildernd wirken (Abb. 4). Seit einiger Zeit wird auch Bernsteinseife

Abb. 4: Bernsteinseife, mit Bernsteinmehl hergestellt

Abb. 5: Hundeseife mit Bernsteinöl

mit Bernsteinöl für den Hund angeboten. Diese soll das Fell des Hundes schonend reinigen und durch Zugabe des Bernsteinöls soll der Zeckenbefall reduziert werden (Abb. 5).

Bernsteinmehl, pur angewendet, soll z. B. den Haarwuchs fördern (Abb. 6, 7). Alle zwei bis drei Tage sollen die Haare und die haarfreien Stellen am Kopf

Abb. 6: Mehl, das beim Bohren der Bernsteine entsteht.

Abb. 7: Gereinigtes Bernsteinmehl, für viele kosmetische und dermatologische Zwecke einsetzbar.

mit Bernsteinmehl eingerieben werden. Nach vier bis sechs Wochen sollen die Haare kräftiger werden und an kahlen Stellen wieder wachsen. Das gleiche kann man auch mit Bernsteinöl ausprobieren, allerdings wird der Geruch einige Mitmenschen vertreiben.

Bernstein in der Homöopathie

Bernsteinöle und Salze finden in der heutigen Homöopathie vielfältige Verwendung (Succinum oleum, Succinum acidum, Succinum Sal). Bernstein soll Ängste nehmen und mehr Lebensfreude schenken, die Succinums können gegen vielfältige Leiden angewandt werden.

Bernsteinprodukte für den allgemeinen Hausgebrauch

Für den Hausgebrauch werden heute diverse Produkte aus Bernstein verwendet:

So gibt es sogenannte **Heilkissen**, die, mit Bernsteingranulat gefüllt, wärmende und wärmespeichernde Wirkung entfalten und bei rheumatischen Beschwerden sowie Verspannungen helfen (Abb. 8).

Bernsteinräucherstäbchen sind von einer Bernsteinmasse ummantelte Holzstäbe, die mit besonderen nichttoxischen Zusätzen hergestellt werden (Abb. 9). Der entstehende harzig-teerige Rauch soll bei geschlossenen Räumen Ermüdungszustände des Menschen verhindern und die Ionen-Struktur der Luft

Abb. 8: Mit Bernsteingranulat gefülltes Leinenkissen

Abb. 9: Räucherstäbchen, von einer Bernsteinmasse ummantelt

verbessern. Auch bei Erkältungen können Räucherstäbchen mit Bernstein lindernd wirken. Außerdem sollen Mücken und Fliegen sowie andere Insekten vertrieben werden.

Reines Granulat kann ebenfalls zum Räuchern verwendet werden (Abb. 10). Man nehme rohes oder poliertes Granulat, lege dieses in eine feuerfeste Schale und zünde es an. Es entsteht ein sehr starker harziger Rauch. Der Rauch soll wohltuend und aufbauend für das Nervensystem sein und bei Erschöpfungszuständen helfen. Insekten werden vertrieben. Im Mittelalter wurden Häuser, die von der Pest befallen waren, damit ausgeräuchert.

Ganz einfach selbst herstellen kann man **Bernsteinheilwasser**: Hierzu füllt man ein Glas mit Wasser und lässt rohen Bernstein oder rohes Bernsteingranulat

Abb. 10: Rohes Bernsteingranulat

nach Ermessen ein oder mehrere Tage im Wasser liegen (**Abb. 11**). Danach trinkt man das Wasser, das sich günstig bei Magen- und Darmproblemen auswirkt. Schon Hildegard von Bingen, die Bernstein zu ihren 24 Heilsteinen zählte, empfahl diesen einfach herzu-

Abb. 11: Mit Bernsteinen gefülltes Gläschen zum Ansetzen für Heilwasser.

stellenden Heiltrank. Bei ihr hieß es allerdings, dass Bernstein in Wasser, Bier oder Wein (!) eingelegt werden kann.
Ebenso selbst herstellen kann man **„Bernsteinlikör"**, der allerdings nur für die äußerliche Anwendung geeignet ist. Man nehme sauberes und reines, rohes Bernsteingranulat und fülle es im Verhältnis eins zu zehn mit reinem Alkohol in eine Flasche aus Dunkelglas. Das heißt, für 200 Milliliter benötigt man circa 20 Gramm Granulat, wobei es auch etwas mehr Granulat sein darf. Man mische und schüttle ordentlich und verschließe die Flasche dicht. Nach zehn Tagen ist der Likör fertig. Durch Einreiben hilft er bei Kopf-, Hals- und Herzschmerzen sowie bei Rheuma. Er darf jedoch nicht getrunken werden!

Bernsteinschmuck in allen Varianten gibt dem Träger stets ein gutes Hautgefühl. Trägt man eine Bernsteinkette, so ist diese immer angenehm leicht und wirkt wärmend oder kühlend. Viele Menschen schwören auf die heilende und beruhigende Wirkung des Bernsteinschmucks. Der Schmuck soll eine lindernde Wirkung auf Herz- und Hautkrankheiten, Stoffwechselstörungen, Asthma und Bronchitis haben.

Flache Bernsteine, auf die Augen gelegt, sollen bei Migräne und Kopfschmerzen helfen (Abb. 12). Auch bei Rückenbeschwerden kann man sich Bernsteine auflegen oder mit einem Stück Klebeband befestigen. Hier soll sich die heilende Wirkung, wahrscheinlich entstehend durch Wärmespeicherung, entfalten.

Abb. 12: Flache Bernsteine für Heilzwecke

Für spezielle Therapiezwecke werden heute auch **Ketten aus rohen Bernsteinen**, ganz unpoliert, hergestellt (Abb. 13, Abb. 14). Beim Menschen soll das Tragen dieser Ketten gegen Asthma und Bronchialerkrankungen helfen.

Die allseits bekannten **Baby-Zahnketten** sollen dem Baby Linderung beim Zahnen verschaffen (Abb. 15). Wahrscheinlich entfaltet sich durch Reibung der Bernsteine an der Haut des Kindes die antibakterielle und auch beruhigende Wirkung des Bernsteins. Es gab auch in den vergangenen Jahrzehnten Babybernsteinketten mit großen Steinen, die das Baby in den Mund nehmen konnte. Aus Sicherheitsgründen werden diese heute nicht mehr angeboten.
Ebenfalls gerne und vermehrt genutzt werden **polierte und abgerundete Bernsteine** für Massagezwecke (Abb. 16, Abb. 17). Der wärmespeichernde Bernstein gibt ein zusätzlich wunderbar entspannendes Gefühl bei der Massage.

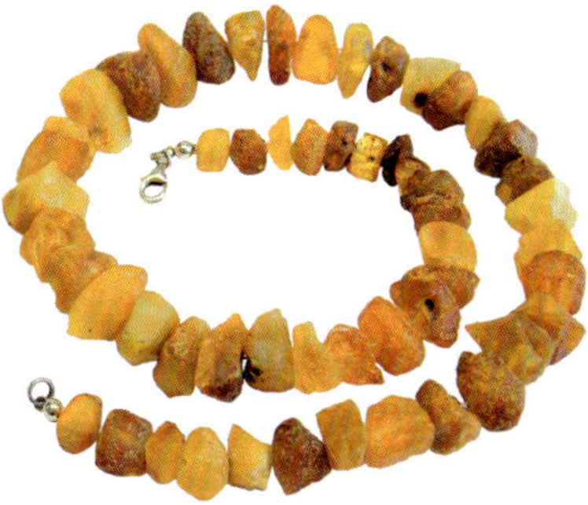

Abb. 13, 14: Ketten aus Rohbernsteinen, auch für Therapiezwecke

Abb. 15: Babybernsteinkette

Interessanterweise hat man in den letzten Jahren festgestellt, dass **Bernstein** auch **gegen Zecken- und Insektenbefall** bei Hund und Katze hilft. Durch den hohen elektrischen Widerstand (Elektronen), der sich bei Reibung am Fell des Hundes oder der Katze entlädt, erhalten Zecken, Milben und Flöhe einen kleinen elektrischen Schlag, der sie sofort vom Fell des Tieres abfallen lässt. Noch stärker wirkt der harzig-würzige Bernsteingeruch, den der Bernstein durch Reibung entfaltet. Diesen Effekt kann man auch feststellen, indem man einen Bernstein in der Hand hält und länger reibt. Trägt nun ein Hund eine Bernsteinkette, so reiben die Bernsteine an seinem Fell. Der harzige Geruch ist für Parasiten, wie Zecken, unerträglich, sind doch vor vielen Millionen Jahren viele

Abb. 16, 17: Bernsteine, abgerundet für Massagezwecke

von ihnen im damals flüssigem Harz kleben geblieben und gestorben. Die „überlebenden" Zecken haben diese Information, dass Bernstein ihr natürlicher Feind ist, über Millionen Jahre an die heutigen Zecken weitergegeben. Der Geruch des Bernsteins vertreibt sie. So kann das dauerhafte Tragen von Bernsteinen auf natürliche Weise den Zeckenbefall des Haustiers reduzieren (Abb. 18, 19, 20). Zu diesem Zweck verwendet man auch Hundeseifen, mit Bernsteinmehl oder -öl hergestellt (siehe Abb. 5, S. 90).

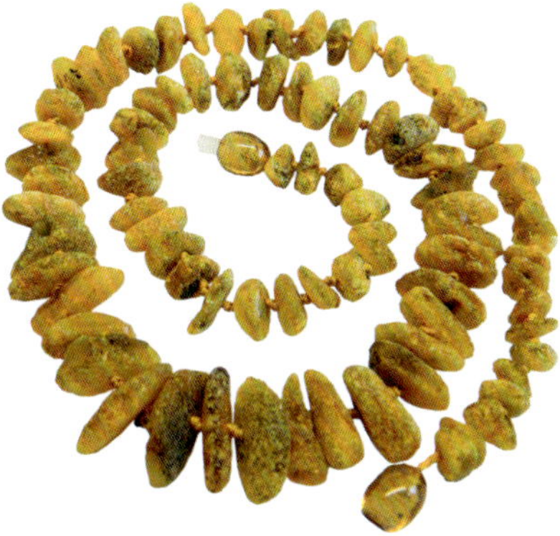

Abb. 18, 19, 20: Bernsteinketten für das Haustier, in drei Varianten.

Von der Mythologie bis zur Realität

Bernstein in der Mythologie

Zwei Mythen, der Phaeton-Mythos und der Freya-Mythos, veranschaulichen, warum Bernsteine noch heute als Tränen der Götter bezeichnet werden:

Phaeton-Mythos

Aus den „Metamorphosen" des römischen Dichters Ovid (43 v. Chr. bis 17 n. Chr.) ist der Phaeton-Mythos bekannt: Phaeton, Sohn des Sonnengottes Helios, bat seinen Vater, ihm einen von Pferden gezogenen Streitwagen zur Verfügung zu stellen. Er wollte damit seine Kräfte erproben und über den Himmel fahren. Helios war zunächst dagegen, ließ sich dann aber von seinem Sohn erweichen. Phaeton, noch jung, war ein unerfahrener Wagenlenker. Nach kurzer Zeit verlor er die Gewalt über Pferde und Wagen und kam zu nahe an die Sonne heran. Das Gespann erzeugte mehrere Brände am Himmel, auch einige Länder der Erde gerieten in Brand und wurden zu Asche. Daraufhin erzürnte Zeus und um Schlimmeres zu verhindern, schleuderte er einen Blitz gegen den Wagen, sodass Phaeton mitsamt Pferden und Wagen in den Fluss Eridanus stürzte und starb (Abb. 1). Phaetons Schwestern, die Heliaden, betrauerten seinen Tod und verwünschten die Götter. Zur Strafe wurden die Schwestern von den Göttern

Abb. 1: Der Sturz des Phaeton, von Peter Paul Rubens.

in Pappeln verwandelt. Die Tränen der Schwestern aber verwandelten die Götter in Harz. Das Harz fiel ins Meer und wurde dort zu Bernstein. Im Lauf der Zeit wurden die Bernsteintränen der trauernden Schwestern vom Meer an den Strand gespült (vgl. Ovid, Metamorphosen I, Vers 747 – II, Vers 366).

Freya-Mythos

Aus der Nordischen Mythologie wird der Freya-Mythos überliefert. Die Göttin Freya trug eine leuchtende und glänzende Kette aus Brisingamen. Den Menschen zeigte sie die Kette, die von übernatürlicher Schönheit war, nie. Freya begehrte die Kette sehr; sie hatte diese als Tausch dafür erhalten, dass sie je eine Nacht mit einem der vier Zwerge, die die Kette angefertigt hatten, verbrachte. Freya behielt dieses Geheimnis um die Kette für sich, diese wurde ihr jedoch gestohlen. Nun erfuhr ihr Mann Odr von dem Tausch. Er verließ Freya und wandelte enttäuscht durch die Welt. Freya wurde sehr unglücklich und begann, weinend ihren Mann zu suchen. Ihre Tränen wurden zu Gold, sobald sie zu Boden und auf Felsen fielen, doch wenn sie ins Meer fielen, wurden sie zu Bernstein (Abb. 2, 3).

Abb. 2, 3: „Tränen der Götter" am Strand

Bernstein in der Kulturgeschichte

Frühe Erwähnung und Verbreitung

Eine bekannte frühe schriftliche Erwähnung Bernsteins als Halsschmuck geht auf das Ägyptische Totenbuch zurück. Die frühen „Sprüche" des Totenbuches befanden sich auf den Innenwänden der Pyramiden sowie auf Papyrusrollen und sind ab 2.500 v. Chr. im Alten und Neuen Ägyptischen Reich entstanden (Abb. 4). Sie wurden den Toten als Zaubersprüche und Formeln für die „Fahrt in das Jenseits" mitgegeben. Die Ägypter nannten Bernstein Elektron.

Abb. 4: Eine der Pyramiden von Gizeh (Giza), August 2009. Foto: Dina Ibrahim

In Vers Nummer 172 des Ägyptischen Totenbuches heißt es:
„Dein Hals ist mit Gold geschmückt, dazu noch mit Elektron...".
(Ausgabe Hornung 1979, S. 351–358)

Elektron ist der griechische Name für Bernstein, aus Elektron wurde dann das Wort Elektrizität abgeleitet. Dies ist darin begründet, dass Bernstein durch Rei-

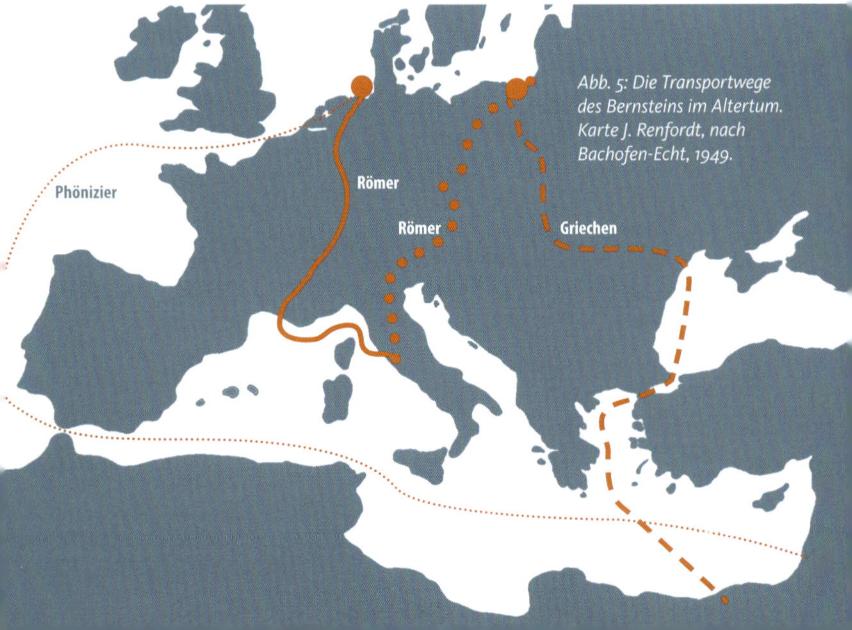

Abb. 5: Die Transportwege des Bernsteins im Altertum. Karte J. Renfordt, nach Bachofen-Echt, 1949.

ben an einem Baumwolltuch eine starke negative elektrische Ladung entwickelt. Heutzutage gilt dieser Reibetest als einer der Echtheitstests für Bernstein (siehe Kapitel „Echtheit von Bernstein", S. 21).

Über Handelswege ist der Bernstein schon zu Zeiten der frühen Phönizier, Griechen und Römer von der Nordseeküste und dem Samland nach Griechenland und von dort aus später nach Ägypten gelangt. Bernstein hatte in der Antike einen hohen Handelswert, sein Wert war dem des Goldes fast gleichgesetzt (Abb. 5).

Gefäße aus Bernstein

Die „alten" Griechen hielten Bernstein für versteinerte Sonnenstrahlen und schrieben ihm magische Kräfte zu. Sie fertigten zum Beispiel Gefäße aus Bernstein an und glaubten, dass diese sich verfärben würden, sobald man eine giftige Substanz hineintäte und somit das Gift frühzeitig erkannt würde. Auch in der Medizin und Heilkunde wurden lange Zeit Gefäße aus Bernstein eingesetzt. Bernstein wurde auch in der römischen Antike von Tacitus und Plinius beschrieben und wurde schon zu dieser Zeit als wertvolles Heilmittel' erkannt (siehe Kapitel „Bernstein in der Heilkunde", S. 85).

Talismane und Gebetsketten

Da Bernstein sich leicht bearbeiten ließ und lässt, fertigten Menschen schon wesentlich früher, in der Steinzeit um 10.000 v. Chr., Talismane und Amulette daraus an (hierzu gibt es Funde bei Hamburg-Meiendorf und in Nordfriesland) (Abb. 6). Die Bernsteine dienten den Menschen auch als Grundsteine und soll-

Abb. 6: Handgedrechselte Bernsteinperle (circa 2 cm Durchmesser) und Bernsteinstiefel (circa 3 cm Höhe), Nachbildung eines Fundes aus Haithabu, einem Handelszentrum der Wikinger. Foto: Gary Mussfeldt

ten Gesundheit und Glück sichern. Einfache Schmuckstücke aus Bernstein waren in ganz Europa verbreitet (Abb. 7). Zur Zeit der Steinzeitbauern (3.500 bis 1.500 v.Chr.) wurde Bernstein gesammelt oder versteckt und den Toten in die Gräber mitgegeben („Depotfunde von Jütland"). Kleine Streitaxtnachbildungen aus Bernstein entstanden.

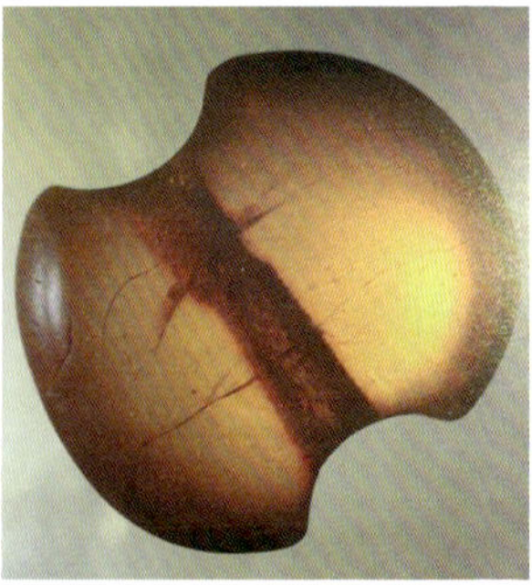

Abb. 7: Bernsteinperle Mittlere Jungsteinzeit, Fundort Seedorf. Größe 2.5 cm. Foto Gisela Lenz

Im Mittelalter wurden in Nord- und Osteuropa aus Bernstein Rosenkranz-Gebetsketten hergestellt. Das Recht auf alle Funde hatte in Ost- und Westpreußen der Deutsche Orden, der sich alle Vertriebswege sicherte (siehe Kapitel „Sammlertour und Sammelhinweise", S. 48). Auch kirchliche Schnitzereien wurden angefertigt, wie Madonnenbilder, Marien- und Heiligenbildnisse sowie kirchliche Reliefs, meist aus Knochenbernstein (dem weißen Bernstein). Einige von ihnen kann man noch heute in Museen besichtigen (Abb. 8).

Abb. 8: Madonna aus Bernstein aus Vilna um 1550

Kunstgewerbliche Gegenstände und Schmuck

Nach der Reformation (um 1650) fertigten Bernsteindrechsler, vornehmlich aus Königsberg, wieder vermehrt kunstgewerbliche Gegenstände an. Schalen, Pokale, Besteckgriffe, Spielsteine, Leuchter und Schatullen wurden aus Bernstein hergestellt, der auch als „das preußische Silber" bezeichnet wurde.

Die Schmuckproduktion wurde aufgenommen (Abb. 9). Ein Jahrhundert später (ab 1750) entwickelte sich die Bernsteinkunst besonders in Danzig. Plastische Figuren, Schalen und nach Themen orientierte Figurengruppen wurden gefertigt. Mit der Kunst entwickelten sich auch die Bernsteinkünstler und Bernsteinschnitzer, die sich jetzt durch ihre eigene Handschrift auszeichneten und ihre Werkstätten in vielen deutschen Städten, wie z.B. Kassel, Darmstadt und Berlin, hatten. Dosen, Stockgriffe, Pulverfläschchen, Medaillons,

Abb. 9: Klassische Bernsteinketten von 1920. Foto: Gisela Lentz, Schleswig-Holsteinisches Eiszeitmuseum, Lütjenburg

Abb. 10: Replik einer Bernsteinkette der Wikinger. Foto : Gisela Lentz, Schleswig-Holsteinisches Eiszeitmuseum, Lütjenburg

Plastiken und viel Kunstgewerbliches wurde aus Bernstein gedrechselt und geschnitzt. Auch kam es in Mode, Elfenbein und Bernstein miteinander zu verarbeiten.

Das Bernsteinzimmer

Das berühmteste Kunstwerk aus Bernstein ist sicherlich das Bernsteinzimmer, das 1712 im Auftrag des preußischen Königs Friedrich des Ersten in Berlin fertiggestellt wurde und das dieser 1716 an den russischen Zaren verschenkte. Bis heute ist das Verschwinden des Bernsteinzimmers während des Zweiten Weltkrieges nicht genau geklärt und langsam hat sich ein sicherlich in der Zukunft noch andauernder Mythos um seine Geschichte gerankt. Dieser Mythos inspiriert bis heute und so kann man z. B. in Ludwigsfelde eine „Bernsteinwand" in der dortigen Therme bewundern (Abb. 11).

Seit dem Jahr 2003 ist im Sankt Petersburger Katharinenpalast eine originalgetreue Rekonstruktion des Zimmers zu sehen (Abb. 12).

Bernsteinschmuck und Kunsthandwerk in der Gegenwart

Heutzutage werden aus Baltischem Bernstein immer noch klassische Schmuckstücke hergestellt. In osteuropäischen Ländern und auch in Deutschland gibt es viele kleine und große Werkstätten, die sich mit der Schmuckproduktion befassen. Viele Bernsteinketten werden noch immer nach einigen hundert Jahre alten Vorlagen geknüpft. Ein Großteil des Schmucks, den wir in deutschen Geschäften finden, kommt aus Baltischen Ländern. Junge Schmuckdesigner aus Ost- und Westeuropa entwerfen moderne Schmuckstücke und Kreationen. Bernstein wird seit Langem mit Silber zusammen verarbeitet, in den letzten Jahren gab es immer wieder neue Kombinationen: Bernstein mit Holz, Lavaperlen, Türkisen, Südseeperlen oder mit Gummiteilchen, mit Papier, Glas, mit Knochen – alles ist möglich und der Fantasie sind kaum Grenzen gesetzt. Die Nachfrage nach Bernsteinschmuck besteht jetzt auch bei jungen Menschen. Es gibt sogar einen Designpreis für innovative Bernsteinkreationen (Abb. 23–25).

Kunstgewerbliche Produktionen sind eher rückläufig geworden, benötigt man doch für Schnitzereien große Rohbernsteine, die immer teurer werden und seit einigen Jahren direkt nach China exportiert bzw. versteigert werden (siehe Kapitel „Bernsteinfundstellen", S. 29). Vereinzelt kann man moderne Bernsteinskulpturen finden. Diese sind naturgemäß relativ klein (Abb. 15–17). Sehr große Rohbernsteine, mit einem Gewicht ab 500 Gramm, sind selten, begehrte Sammlungsstücke und teuer. Somit werden sie in deutschen Werkstätten meist nicht für Schnitzereien verwendet.

Abb. 11: Bau eines Panels/eines Showelements aus Bernstein 2016 für eine Therme in Deutschland.

Abb. 12: Das Bernsteinzimmer im Katharinenpalast von St. Petersburg.
Urheber: jeanyfan, Quelle: Wikipedia Enzyklopädie

Abb. 13: Gehört ebenfalls zu den begehrten Sammelobjekten: Kette der Bückeburger Tracht aus dem Schaumburger Land, ca. 1890. Foto: J. Renfordt

Abb. 14: Sowie diese Lindhorster Trachtenkette, ca. 1900. Diese aufwändigen und großen Bernsteinketen wurden eng am Hals, meist zu den Hochzeitstrachten, getragen.

Der alte Beruf des Bernsteindrechslers ist in Deutschland fast ausgestorben. Auch die hauptberufliche Kettenknüpferin gibt es in Deutschland nicht mehr. Döschen, Kästchen, alles Kunstgewerbliche sowie Schmuckstücke aus lange schon geschlossenen Werkstätten und Manufakturen sind zu begehrten Sammlerstücken geworden (Abb. 13, 14, 18).

Dies zeigte sich insbesondere in den Jahren 2013 bis 2015, als der Bernsteinpreis sich verzehnfachte und bei einigen Stücken sogar den Goldpreis überstieg. Die Nachfrage war sprunghaft angestiegen, denn die Chinesen hatten den Bernstein für sich entdeckt. Nun war Bernstein in der traditionellen chinesischen Medizin schon immer bekannt, sollte er doch Entzündungen lindern und das Wohlbefinden allgemein steigern, doch die Nachfrage aus China galt Kunstgegenständen, Bernsteinschmuck und großen Rohbernsteinen, die von der chinesischen Bevölkerung als Luxusgut angesehen wurden. Insbesondere neureiche Chinesen steigerten die Nachfrage. Die Farbe Gelb ist in China ein synonym für Reichtum und Prunk. Aber auch nach klaren, durchscheinenden Stücken wurde gefragt. Dies führte zu einem regelrechten Bernsteinrausch, besonders in Norddeutschland. Selbst ernannte „Bernsteinexperten“ gaben Veranstaltungen in Hotels oder Gaststätten, zu denen dann Privatpersonen kamen, um ihre alten Erbstücke (diese waren besonders begehrt, wenn gut erhalten) schätzen zu lassen und eventuell zu verkaufen. Bernsteinankäufer durchstreiften Deutschland, um bei Privatleuten Ankäufe zu tätigen, die sie später stark gewinnbringend an chinesische Zwischenhändler weiterverkauften. Broschen, Ketten, Armbänder, Ringe, Rohbernsteine, Kästchen, Döschen, Bestecke, alles Antike und gut Erhaltende aus Bernstein wurde von den Händlern gesucht und aufgekauft, aber auch Strandfunde und große seltene Rohbernsteine ließen sich verkaufen.

Abb. 15, 16, 17: Moderne Skulpturen 15: „Miteinander“, Größe des Bernsteins: 15 cm; 16: „Serpentine“, Größe des Bernsteins 16 cm; 17: Vogelform“, Größe des Bernsteins 8 cm. Skulpturen und Fotos: Gerhard Helmers, Galerie Helmers, Badenweiler Lipburg

Abb. 18: Ein Schatz für Sammler: Nachbildung des Grabsteins von Immanuel Kant, ca. 1930, Staatliche Bernstein-Manufaktur Königsburg, Höhe 26,5 cm.

Daraufhin gab es viele Menschen, die sich im Bernsteinrausch an die Nord – und Ostseestrände begaben, um dort eventuell einen Bernstein zu finden und daraus ein lukratives Geschäft zu machen. Es entstand ein Ausverkauf von Bernstein und Bernsteinobjekten in Deutschland. Doch so wie dieser Hype gekommen war, so verschwand er auch plötzlich wieder. Nachdem Deutschland mehr oder weniger ausverkauft war, ließ das Interesse der Chinesen nach, die Preise sanken, die Bernsteinankäufer verschwanden und heutzutage ist das Preisniveau wieder auf dem von in etwa 2010 und Bernsteinprodukte sind für alle erschwinglich.

Abb. 19–22: Fotos: Art7, Danzig

Abb. 23: Susanne Elstner, Bernsteinkette mit Holzkohle, Draufsicht

Abb. 24: Susanne Elstner, Brosche, Bernstein, Holzkohle & Silber

Abb. 25: Susanne Elstner, Anhänger, Bernstein & Holzkohle

Ein Ausflug in eine vergangene Welt: Insekteneinschlüsse im Bernstein

28 bis 54 Millionen Jahre alt ist der Baltische Bernstein, und so „alt" sind auch die im Bernstein erhaltenen Insekten, für Menschen eine unvorstellbare Zeitdimension. Oft heißt es, Bernstein sei ein Fenster in die Vergangenheit. Wenn man in einen klaren Bernstein schaut, so macht man eine Zeitreise und erblickt eine Momentaufnahme des Lebens vor 50 Millionen Jahren.

Man kann den Bernstein vor Licht halten, eventuell eine Lupe zu Hilfe nehmen, drehen und wenden und hineinsehen. Es gibt Linien und Muster dort, wo der Bernstein verlaufen ist, kleine Erdteilchen, größere Luftbläschen, Farbverläufe, Reflexionen des Lichts – egal, wie der Bernstein gedreht und gewendet wird, er sieht immer wieder neu und interessant aus. Richtig spannend wird es, wenn man noch ein Insekt entdeckt. Was für ein Insekt ist es? Ist es ganz erhalten oder vielleicht nur teilweise? Faszinierend ist auch, dass die im Bernstein enthaltenen Insekten die einzigen fossilen „Lebewesen" sind, die der Mensch heute dreidimensional in ihrer Matrix betrachten kann.

Wie kamen die Insekten in den (Baltischen) Bernstein hinein?

Das leuchtende Harz und dessen starker Geruch zogen die Insekten an. Kamen sie mit dem Harz in Berührung, blieben sie kleben und konnten sich nicht mehr aus eigener Kraft befreien. So wurden sie von der nächsten Harzschicht, die aus

Abb. 1: Rohbernstein mit Insektenschlüssen, Größe der Bernsteine 3 bis 5 cm

dem Baum floss, eingeschlossen. Deshalb sind die erhaltenen Insekten auch so klein, denn größere Tierchen konnten sich aus eigener Kraft aus dem zähen Harz befreien oder waren leichte Beute für damals lebende Insektenfresser. Oftmals sind Insekteneinschlüsse mit bloßem Auge nicht zu erkennen und es bedarf einer Lupe oder eines Mikroskops, um diese deutlich sehen zu können (Abb. 1).

Die oben genannte Form des Bernsteins, bei dem mehrere Harzschichten übereinander geflossen sind, nennt man „Schlauben". Grundvoraussetzung für den Erhalt von Pflanzen und Tieren im Bernstein waren günstige äußere Bedingungen. Starb ein Insekt im Harz, so setzte auch der Abbau seiner Innereien ein. Zeitgleich musste sich das Harz erhärten und durch die Sonne/Hitze aufklaren (siehe Kapitel „Was ist Bernstein?", S. 8), aber es durfte nicht schrumpfen. Außerdem mussten die eingeschlossenen Insekten oder Pflanzen einigermaßen formstabil sein. Durch Sonneneinwirkung trockneten die Luftbläschen im Harz und auch die Innereien der Insekten trockneten aus. Zu sehen ist eigentlich nur der abgebildete Hohlraum oder auch die äußere Hülle der Pflanze bzw. des Insekteneinschlusses. Wichtig war, dass kein Druck durch schwere Steine oder Erde auf das Harz ausgeübt wurde.

Wahrscheinlich wurde der Bernstein über Wasserläufe und durch Meeresüberflutungen und Strömungen an „sichere" Orte transportiert. Das waren Moore oder geschützte Lagunen. Vor äußeren Einflüssen wie Feuer oder Hitze geschützt, wurde das Harz von nachfolgenden Erdschichten überdeckt und im Laufe der Jahrmillionen „steinhart". Wissenschaftler und Sammler versuchen, anhand der Einschlüsse den genauen Entstehungsort und Zeitraum sowie die damaligen Evolutionsbedingungen zu erforschen. Eine heutige Fundstelle besagt aufgrund der Umlagerungsprozesse nicht, dass der Bernstein auch genau dort vor vielen Millionen Jahren entstanden ist.

Erfolgsmodell der Evolution: Mücken

Mücken sind weltweit zur Plage geworden. Heute gibt es circa 3.500 verschiedene Arten, davon 100 allein in Europa. Doch das älteste bekannte Exemplar wurde in einem 80 Millionen Jahre alten Bernstein gefunden. Stechmücken konnten sich über Millionen von Jahren vom Blut diverser Wirbeltiere ernähren, darunter waren auch diverse Dinosaurierarten. So ist die Mücke also kein Phänomen unserer heutigen Zeit, sondern ein evolutionäres „Musterbeispiel".

Welches sind die bekanntesten Insekteneinschlüsse?

Die häufigsten Einschlüsse sind kleinste Spinnentiere wie Milben. Auch kleine Mücken und Fliegen werden oft gefunden. Es gibt aber auch Langbeinfliegen und Köcherfliegen, Zuckmücken, Pilzmücken, Ameisen, Käfer, Termiten, Zika-

Abb. 2: Ameise, Größe des Insekts 3 mm

Abb. 3: geflügelte Ameise, Größe des Insekts 3 mm

den, Grillen, Spinnen, Wanzen, sogar Flöhe und ganz selten Flohkrebse. Einzelne Teile, meist Beine von Insekten, Haare von größeren Tieren, Federn und Larven liegen ebenfalls im Bernstein vor (Abb. 2–19).

Abb. 4: Käfer, Größe des Insekts 4 mm

Abb. 5: Köcherfliege, Größe des Insekts 5 mm

Abb. 6: Langbeinfliege, Größe des Insekts 2 mm

Abb. 7: Lebermoose, Größe der Pflanze 2 x 3 cm

Abb. 8: Ohrkneifer, Größe des Insekts 6 mm

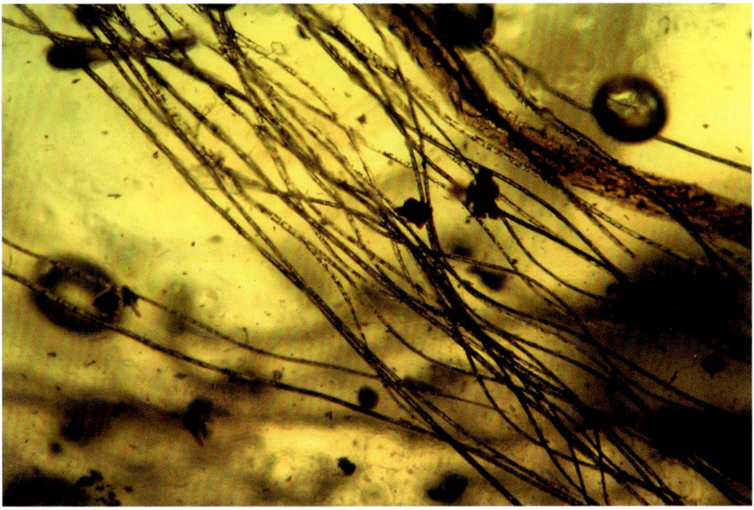

Abb. 9: Säugetierhaare, Länge der Haare ca. 2 cm

Abb. 10: Schmetterlingsmücke, Größe des Insekts 1,5 mm

Abb. 11: Schnepfenfliege, Größe des Insekts 6 mm

Abb. 12: Spinne, Größe des Insekts 2 mm

Abb. 13: Steinläufer Hundertfuß, Größe des Insekts 12 mm

Abb. 14: Tanzfliege, Größe des Insekts 2,5 mm

Abb. 15: Trauermücke, Größe des Insekts 2 mm

Abb. 16: Weberknecht, Größe des Insekts 1,5 mm

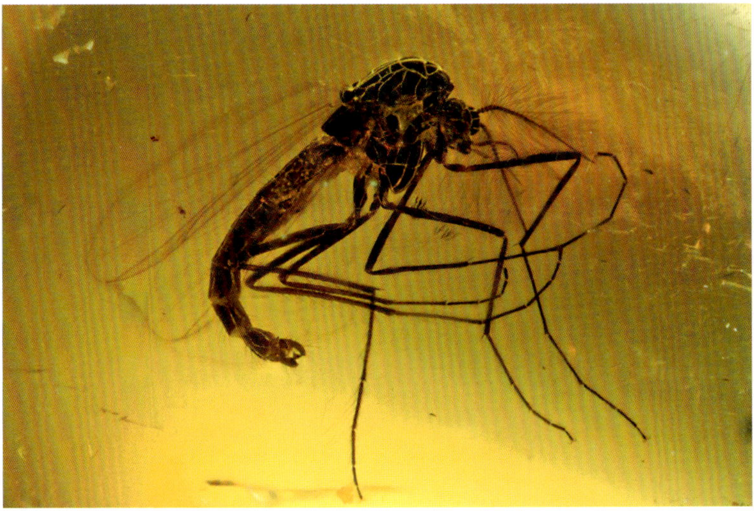

Abb. 17: Zuckmücke, Größe des Insekts 2 mm

Abb. 18: Pflanzeneinschluss, Blütenstand, Größe 5 mm

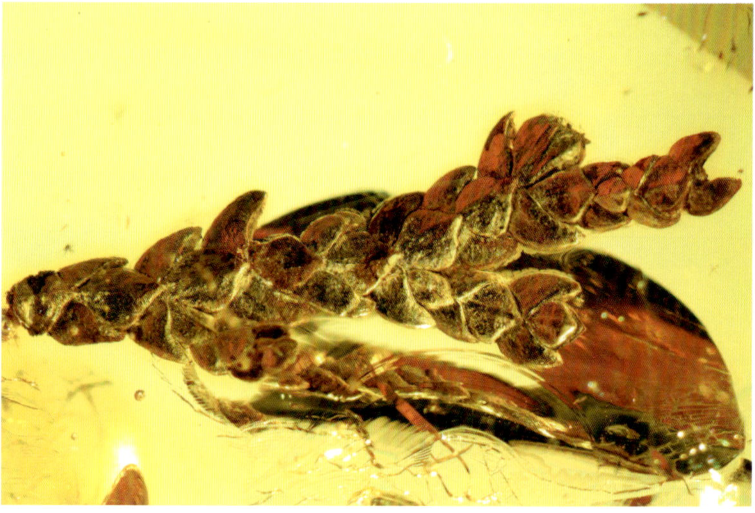

Abb. 19: Thujazweig, Länge 4 cm. Fotos 2–19: Jens-Wilhelm Janzen

Interessanterweise gibt es auch Abbildungen von Insekten „in Aktion“, beispielsweise sich paarende Spinnen oder Fliegen. Begehrte Sammelobjekte sind Bienen. Extrem selten sind größere Tiere wie Skorpione. Solche Funde sind Sensationen in der wissenschaftlichen Welt. Nicht nur Insekten sind im Bernstein zu finden, auch Pflanzenteile und Moose zählen zu den bekannten Einschlüssen des Baltischen Bernsteins. Sehr häufig ist das sogenannte Sternhaar, welches nur im Baltischen Bernstein zu finden ist: Die sternförmigen Gebilde stammen von Eichenblüten und Eichenknospen.

Neuentdeckungen

Immer wieder entdecken Forscher und Paläontologen im Bernstein Zeugnisse vergangenen Lebens. So haben Forscher z. B. Anfang 2020 in Myanmar in einem 99 Millionen Jahre alten Stück den Kopf eines vogelähnlichen Dinosauriers entdeckt. Das Besondere daran: Der Kopf ist winzig, nur 14,25 mm lang, und doch scheint er zu einem ausgewachsenen Tier zu gehören, das wohl nur 2,0 cm lang war.

Ebenso in Myanmar wurde in einem 100 Millionen Jahre alten Bernstein ein Schleimpilz entdeckt, dessen sechs gut erhaltene Fruchtkörper einer noch heute existierenden Gattung zugeordnet werden konnten.

Auch der 2004 in einem 40 Millionen Jahre alten Baltischen Bernstein gefundene Gecko galt als absolute Sensation.

Paläobiologen und Wissenschaftler versuchen weiterhin, das Erbgut der eingeschlossenen Tiere und auch Pflanzenteile zu analysieren. Jede konservierte Neuentdeckung im Bernstein ist wie ein Puzzleteil, das der Entschlüsselung vergangenen Lebens auf unserem Planeten hinzugefügt werden kann.

Vorsicht vor Fälschungen

Wissenschaftler untersuchen Insekten für Evolutions- und Gentechnik-Forschungen, Sammler spezialisieren sich auf einzelne Insektenarten. Einige sammeln nur Köcherfliegen, andere ausschließlich Käfer, Wasserinsekten oder Pflanzenteile. Laien freuen sich, wenn sie zufällig einen Einschluss finden oder kaufen können. Leider gibt es viele Fälschungen. Werden auffällig große Insekten und Eidechsen, Frösche oder Ähnliches angeboten, sollte man vorsichtig sein. Diese Objekte sind manchmal recht hübsch, aber garantiert nicht echt. Die Insekten stammen nicht nur nicht aus dem Eozän, es ist zudem auch kein Bernstein, der sie umgibt, sondern Kunstharz, in das sie gegossen worden sind.

Weltweit sind nur zwei komplette Eidechsenfunde im Baltischen Bernstein bekannt und, wie schon erwähnt, kann man die meisten Insekten nur unter einer Lupe oder einem Mikroskop erkennen. Um Insektenein-

Abb. 20: Fälschung: Schmetterling in Kunststoff, Größe des Insekts 8 cm

Abb. 22: Fälschung: Spinne in Kunststoff, Größe der Spinne 12 cm

schlüsse zu erwerben, wendet man sich am besten an einen Fachmann oder ein Museum. Auf Mineralienmessen gibt es auch immer wieder Stände, an denen Wissenschaftler die Echtheit der Inklusen-Bernsteine klären und Funde bestimmen können (Abb. 20–22).

Abb. 21: Fälschung: Skorpion als Schlüsselanhänger in Kunststoff, Größe des Skorpions 6 cm

Begriffserklärungen

Ägyptisches Totenbuch: Sammlung von Formeln, Sprüchen und Anweisungen, die auf den Innenwänden der Pyramiden angebracht wurden, teilweise auch auf Papyrusrollen. Diese wurden den Toten mit in ihre Gräber gegeben.

Antioxidantium: Hier: Soll den Alterungsprozess der menschlichen Zellen verlangsamen.

Autoklavieren: In einem Autoklav, einem Druckbehälter, wird Bernstein unter Verschluss mit Druck und Hitze „behandelt“, dadurch werden trübe Bernsteine klar.

Bernsteingranulat: Kleine körnige Bernsteine, roh oder poliert, für viele Zwecke einsetzbar.

Bernsteinmehl: Zermahlene Bernsteine. Bernsteinmehl entsteht auch beim Bohren der Bernsteine.

Bernsteinmeister: Ein osteuropäischer Handwerksberuf.

Bernsteinregal: Wurde vom Deutschen Orden um 1200 erlassen. Es verbot das unerlaubte Sammeln von Bernstein. Drakonische Strafen wurden verhängt.

Bernsteinsalz, Bernsteinöl, Bernsteinsäure: Unter Trockendestillation zerfällt Bernstein in diese drei Bestandteile.

Blaue Erde: Eine Sedimentschicht, die sich über das Samland erstreckt und in der sehr viel Bernstein gefunden wird. Die Mine bei Jantarnyj/Russland fördert den Rohbernstein aus „Blauer Erde“. Unter einer Tonschicht liegt sie in circa 10 bis 14 Metern Tiefe. Die blaue Farbe bekommt sie durch den hohen Anteil des Minerals Glaukonit. Oft sieht man an Baltischem Bernstein noch Reste der Blauen Erde schimmern.

Brisingamen: Aus der nordischen Mythologie. Brisingamen bedeutet „leuchtend“, „glänzend“. Die Göttin Freya trug eine Kette aus Brisingamen.

Deutscher Orden: Eine geistliche Ordensgemeinschaft, deren Ursprung bis in das Jahr 1190, in welchem der Orden im damaligen Palästina gegründet wurde, zurückgeht. Die mönchischen Ordensritter ließen sich ab 1198 in Preußen nieder, um unter anderem die preußische als auch die litauische Bevölkerung zu missionieren. Der Orden hatte bis Mitte des 15. Jahrhunderts eine große politische Macht im Ostseeraum. Der Deutsche Orden/Deutsche Ritterorden erließ das Bernsteinregal.

Entgratet: Hier: Ein abgeschrägter Bohrer, dessen Kanten „angespitzt“ wurden.

Eridanus: In der griechischen Mythologie ein großer Fluss am Ende der Welt.

Flomen: Trübe Bernsteine, lassen sich gut polieren oder erhitzen.

Geschiebebernstein: Bernstein, der durch die Eiszeiten bis in den norddeutschen Raum geschoben wurde.

Haithabu: Mittelalterliches Handelszentrum, an der Schlei gelegen. 1985 wurde auf dem Gelände das „Wikinger-Museum Haithabu" eröffnet.

Knochen: Bezeichnung für weißen Bernstein.

Kopal: Sammelbegriff für verschiedene Baumharze. Diese sind höchstens einige hundert Jahre alt. Beim Acetontest bleibt Kopal, im Gegensatz zu Bernstein, an einem mit Aceton beträufelten Wattestäbchen kleben.

Matrix: Hier: Muttergestein/Harz, das das Insekt oder den Einschluss umgibt.

Pressbernstein: Unter Hitze und Druck geschmolzenes und gepresstes Bernsteingranulat.

Schlaubensteine/Schlaubengrenzen: Mehrere Harzschichten sind übereinander geflossen. In den Schlaubengrenzen lassen sich die meisten Insekten finden.

Seebernstein: Bernsteine, die im Meer gefunden werden. Ihre Verwitterungskruste ist meist durch das Hin-und-her-Rollen am Meeresboden auf natürliche Weise abgeschliffen.

Sprockholz: Braunes und schwarzes Holz sowie Braunkohlereste, die am Meeressaum angespült werden.

succinum, castoreum, camphora, tartarus, aurum: Bernstein, Bibergeil, Kampfer, Weinstein, Gold.

Trockendestillation: Unter Luftabschluss und Zugabe von Hitze wurde Bernstein in diesem technischen Verfahren untersucht und konnte in seine Bestandteile getrennt werden.

Verwitterungskruste: Bernstein reagiert mit Sauerstoff und verwittert ständig. Dadurch bildet sich die Verwitterungskruste um den Bernstein. Diese wird beim Schleifen entfernt.

Namen für Bernstein:

Elektron: aus dem Altgriechischen
Succinum: lateinischer Name
Glaeseum: römischer Name für Bernstein
Brennstein/Börnsteen: altniederdeutsche Bezeichnung
Luchsstein / Lyngurion: Harn des Luchses, in der Sonne getrocknet und gehärtet

Weitere Bezeichnungen:

Augstein/Augenstein, Gold des Nordens, Tränen der Götter, Saftstein
Ammer: alter deutscher Name für Bernstein
Amber: englischer Name
Ambre: französischer Name
Ambra: italienischer Name
Ambera: spanischer Name
Jantar: russischer Name

Literatur

Agricola, G. (1546): De Natura Fossilium. Chemnitz.

American Chemical Society: Paleopharmaceuticals from Baltic amber might fight drug-resistant infections. https://www.acs.org/content/acs/en/pressroom/newsreleases/2021/april/paelopharmaceuticals-from-baltic-amber-might-fight-drug-resistant-infections.html (veröffentlicht 05.04.2021).

Bachofen-Echt, A. (1949): Der Bernstein und seine Einschlüsse. Springer-Verlag, Wien.

Bethe, H. (1938): Reallexikon zur Deutschen Kunstgeschichte. Bd.2, Eintrag „Bernstein". J. B. Metzlersche Verlagsbuchhandlung, Stuttgart.

Conwentz, H. (2005): Die Flora des Bernsteins, Reprint von 1886. Verlag Dr. Frank Rudolph, Wankendorf.

Erichson, U. (1998): Die staatliche Bernstein-Manufaktur Königsberg. Eigenverlag Bernsteinmuseum Ribnitz-Damgarten.

Erichson, U. (2020): Baltischer Bernstein in der Amber Queen Sammlung. Eigenverlag Amber Queen.

Ganzelewski, M. (1996): Bernstein Tränen der Götter. Deutsches Bergbau-Museum, Bochum.

Gierlowska, G. (2004): Bernstein in der Heilkunde. Verlagshaus Bursztynowa, Gdansk.

Gierlowska, G. (2007): Bernstein. Verlagshaus Computer-Systems, Gdansk.

Grimaldi, D. (1996): Amber: Window To The Past. Harry N. Abrams Inc, New York.

Gienger, M. (2004): Die Heilsteine der Hildegard von Bingen. Neue Erde Verlag GmbH, Saarbrücken.

Grimaldi D. & M. S. Engel (2005): Evolution of the Insects. Cambridge University Press, New York.

Gröhn, C. (2013): Alles über Bernstein. Wachholtz Verlag, Kiel.

Gröhn, C. (2015): Einschlüsse im Baltischen Bernstein. Wachholtz Verlag, Kiel.

Helmers, G. (2010): Formen für das Licht. Museumsverein Deutsches Bernsteinmuseum, Ribnitz-Damgarten.

Hornung, E. (1979): Das Totenbuch der Ägypter. Spruch 172, S. 351–358. Artemis-Verlag, Zürich/München.

Jacobs, W. & M. Renner (1988): Biologie und Ökologie der Insekten. Gustav-Fischer Verlag, Jena.
Janzen, J.-W. (2002): Arthropods in Baltic Amber. Verlag Dr. A. Starck, Halle.
Krumbiegel, G. (2005): Bernstein: Fossile Harze aus aller Welt. Edition Goldschneck im Quelle & Meyer Verlag, Wiebelsheim.
Mehrwald, R. P. (2009): Bernstein & Heilkreide. Serafinabox.
Naville, E. H. (Hrsg.) (1886): Das Aegyptische Todtenbuch, in Hieroglyphen. 3 Bände. Band 2, Kapitel 172, Seite 193–194. Berlin.
Plinius der Ältere (Gaius Plinius Secundus): Historia Naturalis. Übers. v. Denso, Johann Daniel (1764). 37. Buch, 3. Kapitel. Rostock/Greifswald.
Publius Ovidius Naso: Metamorphosen. Lateinisch-deutsch. In dt. Hexameter übertragen von E. Rösch. Hrsg. v. N. Holzberg. 14. Aufl. (1996). Sammlung Tusculum. Artemis und Winkler, Zürich/Düsseldorf.
Remy, M. P. (2003): Mythos Bernsteinzimmer. Tosa Verlag.
Rudolph, F., S. Koschinski, C. Böttcher, I. Ludwichowski, J. Sternheim, U. Wichert & T. Knobloch (2015): Gefährliche Strandfunde. Wachholtz-Verlag, Neumünster.
Verchovskii, C. C. (1991): The Tears of the Heliads. Planeta Publishers, Moskau.
Weitschat W. & W. Wichard (1998): Atlas der Pflanzen und Tiere im Baltischen Bernstein. Verlag Dr. Friedrich Pfeil, München.
Wichard W. & W. Weitschat (2004): Im Bernsteinwald. Gerstenberg Verlag, Hildesheim

Interessante Internet-Auftritte

Amberworld Bernsteinmanufaktur Hamburg, www.ambershop.de
Arbeitskreis Bernstein, www.arbeitskreis-bernstein.eu
Bernsteinmuseum Bad Füssing, www.bernsteinmuseum.com
Bernsteinmuseum Danzig, Polen, https://muzeumgdansk.pl
Bernsteinmuseum Kaliningrad, www.ambermuseum.ru
Bernsteinmuseum St. Peter-Ording, www.nordsee-bernsteinmuseum.de
Carsten Gröhn, www.ambertop.de
Das Blaue Klassenzimmer, Frauke Kruggel, www.blaues-klassenzimmer.de
Deutsches Bernsteinmuseum Ribnitz-Damgarten, www.deutsches-bernsteinmuseum.de
Kaliningrader Bernsteinkombinat, www.ambercombine.ru
Little Glow, Nicole Arndt-Stadt, www.littleglow.de
Mineralienatlas, www.mineralienatlas.de/lexikon/index.php/MineralData?mineral=Bernstein
Museum für Archäologie und Ökologie Dithmarschen, www.museum-albersdorf.de/BERNSTEN/INDEX.HTM
Weites Meer, Kerstin Ebbighausen, www.weitesmeer.de
Wikipedia, de.wikipedia.org/wiki/Bernstein

Bildquellen

Alle Fotos stammen, soweit nicht anders in der Bildunterschrift angegeben, von der Autorin.
Alle Bernsteinexponate stammen, soweit nicht anders in der Bildunterschrift angegeben, von der Firma Amberworld – Bernsteinmanufaktur Hamburg.

Kerstin von Holt ist ausgebildete Kostümdesignerin. Nach Anstellungen am Theater und als Geschäftsführungsassistentin in einem Hamburger Unternehmen ist sie bis heute im Bernsteinhandel tätig. Mit Jens von Holt teilt sie die Faszination für den Bernstein und dessen Vielfalt. Ihr besonderes Interesse gilt dem Bernstein in der Heilkunde sowie dessen kulturgeschichtlicher Bedeutung.

Jens von Holt ist Inhaber der Firma „Amberworld Bernsteinmanufaktur Hamburg“ und Gründungsmitglied des Bernsteinvereines an der Universität Hamburg. Er hat viele Neuentdeckungen von Insekten im Baltischen Bernstein gemacht, weshalb einige dieser Einschlüsse nach ihm benannt wurden. Im letzten Jahr hat er sich überwiegend der Gestaltung und Produktion von Schmuckstücken aus Baltischen Bernsteinen gewidmet.